Invitation to

Anthropology

Fourth Edition

Luke Eric Lassiter

人类学的邀请

认识自我和他者

（第 4 版）

[美] 卢克·拉斯特 著 王媛 译

著作权合同登记号 图字：01-2015-7024

图书在版编目（CIP）数据

人类学的邀请：认识自我和他者：第4版 /（美）卢克·拉斯特著；王媛译. —北京：北京大学出版社，2021.7

（大学的邀请）

ISBN 978-7-301-30462-4

Ⅰ. ①人… Ⅱ. ①卢… ②王… Ⅲ. ①人类学 – 研究 Ⅳ. ①Q98

中国版本图书馆 CIP 数据核字（2019）第 084280 号

Invitation to Anthropology, 4th Edition by Luke Eric Lassiter
Published by agreement with the Rowman & Littlefield Publishing Group through the Chinese Connection Agency, a division of Beijing XinGuangCanLan ShuKan Distribution Company Ltd., a.k.a. Sino-Star.

书　　名	人类学的邀请：认识自我和他者（第 4 版） RENLEIXUE DE YAOQING：RENSHI ZIWO HE TAZHE （DI–SI BAN）
著作责任者	[美] 卢克·拉斯特（Luke Eric Lassiter）著　王　媛　译
责任编辑	张文华
标准书号	ISBN 978-7-301-30462-4
出版发行	北京大学出版社
地　　址	北京市海淀区成府路 205 号　100871
网　　址	http://www.pup.cn　新浪微博：@ 北京大学出版社 @ 培文图书
电子信箱	pkupw@qq.com
电　　话	邮购部 010-62752015　发行部 010-62750672 编辑部 010-62750883
印 刷 者	天津光之彩印刷有限公司
经 销 者	新华书店 880 毫米 ×1230 毫米　32 开本　10.75 印张　232 千字 2021 年 7 月第 1 版　2022 年 1 月第 2 次印刷
定　　价	69.00 元

若我们怀着敬意去真正了解其他人的基本观点……我们无疑会拓展自己的眼光。我们如果不能摆脱自己生来便接受的风俗、信仰和偏见的束缚，便不可能最终达到苏格拉底那种“认识自己”的智慧。就这一最要紧的事情而言，养成能用他人的眼光去看他们的信仰和价值的习惯，比什么都更能给我们以启迪。当今之世……所有被珍视和宣称为宗教、科学与文明最高成就的理想已随风而逝，有文明的人类从来没有什么时候比现在更需要宽容。人的科学应该在理解他人观念的基础上，以它最细致和最深邃的形态，指引我们达到这种见识、慷慨和宽大。

——[英]马林诺夫斯基

目录

第4版前言

如前旧版，新版《人类学的邀请》对全文进行了更新、修订以及进一步阐明。例如，我简要地对进化、语言、民族志的历史、田野工作、人口统计、性别身份、家庭和信仰体系等内容加以延伸或说明，并且更新了参考书目。在新版中，我通过专栏补充了一些当代人类学的新例子。这些都置于“此时此地的人类学”的标题之下，并简要介绍了个别人类学家的研究、著述或有关某一专题的进一步参考资料。每一项都包含一个网络资源的链接。我期待这些简明的专栏能激励读者就特定议题做进一步探索，同时为当下仍在进行的关于人类学与当代人类问题之关联性的讨论提供链接。鉴于这是新版中有点实验性质的内容，我将感谢读者对这些补充内容的反馈，也希望听到您认为应该在未来版本中写入“此时此地的人类学”这一栏中的例子。

沿着这一思路，我诚挚地感谢教师、学生和其他读者的来信。在书中多处，我试图在空间允许下采纳一些修改建议，并澄清看似混淆的术语和概念。当然，我意识到，这一版在多处采用了一种非传统的人类学讨论形式，而且作为一部导论性质的读本

而言，有些章节如最后一章（宗教）一如既往地显得有点标新立

异。正如我前面提到，我无意以这本小书取代更详尽的人类学研究。我的目的在过去与现在都是较为谦逊的：写作这种相对短篇的书稿，目的是精选出一系列议题，激发大家跳出书本，探索书外鲜活的世界，并以多种多样的形式投入广阔的人类学天地。我知道许多学校的人类学入门课都参考使用过本书，我希望新版能继续发挥这一作用。

尽管如此，我意识到许多读者期待看到更广阔的语境或在书中增补一些观点。考虑到这一点，自几年前筹备第四版时，我就开始有意地搜集人类学家和其他学者个性化的阅读选篇，这些在各个章节都有分布。这当然将明显地改变现有文本，在与 AltaMira 出版社（现在是 Rowman & Littlefield 出版社）的工作人员进一步讨论后，我决定对这些阅读材料加以扩充，并将它们整理成为一个单独的读本，作为本书的补充。我之前在鲍尔州立大学（Ball State University）的同事科琳·博伊德（Colleen Boyd）在一些课上采用了《人类学的邀请》作为教材，并帮我进一步完善了这一工作。我们共同编辑出版了《文化人类学探索》（*Explorations in Cultural Anthropology*，2011）。《人类学的邀请》一书当然可以不以《文化人类学探索》为补充读物，事实上也可以用其他的读本或案例研究代替（如其他教师所做的）。然而我想要强调的是，博伊德和我在《文化人类学探索》一书中精选了一些阅读材料，这些材料要么可作为本书的补充，要么可提供本书之外的补充观点。

新版的总体框架保持不变，仍然分为两大部分。第一部分（“人类学、文化和民族志”）集中介绍基础假设和概念，它们自现代人类学开端（尤其是在美国，但又不完全局限在美国），就推动了人类学理论和实践的发展。接下来，我把重点进一步缩小到文化（尤其是社会文化人类学）上，探究了一些具有推动作用的故事、隐喻和分析，而当代人类学家都是从这些内容中获得他们的灵感、理论和方法论的。在第二部分（“民族学：一些人类问题”）中，我探究了三个跨文化的人类问题：社会性别、婚姻 / 家庭 / 亲属关系，以及宗教。在第二部分的首章，我对当前人类问题所处的世界背景做了简要论述。与第一部分相同，第二部分的每一章都会通过人类学视角来思考跨文化问题，它能提供给我们的不仅是对人类的深刻理解，还有与此相关的思考和行动模式。例如，我们如何运用人类学知识来解决人类文化和社会中存在的紧迫问题，比如性别及其与普遍人权的关系，全球人类社会中家庭作用的日益萎缩，信仰（和怀疑）会妨碍我们跨越宗教分野走向更长久融洽的人际关系到何种程度等，这些都是人类学有独特能力去探讨的问题，也是刻画这一学科自 20 世纪早期以来发展轨迹的问题。

这里我也要感谢一些人，是他们帮我完成了这本书。其中最该感谢的是我的妻子和搭档伊丽莎白·坎贝尔（Elizabeth Campell），她总是替我做许多事，使我可以说我想说的话。感谢促成这本书的许多人，他们或是帮助我在早期的讨论中搭建了第一版的框架，或是曾经直接对文本反馈过意见，他们是：

蒂姆·阿诺德（Tim Arnold）、李·D. 贝克（Lee D. Baker）、托马斯·比奥尔西（Thomas Biolsi）、利兹·伯克–斯科维尔（Liz Burke-Scovill）、卡斯汀·“卡里”·卡马尼（Karstin “Kari” Carmany）、艾丽斯·卡维内斯（Alys Caviness）、塞缪尔·R. 库克（Samuel R. Cook）、克莱德·埃利斯（Clyde Ellis）、埃米·基尼·黑尔（Amy Keeney Hale）、特里什·哈特菲尔德和吉姆·哈特菲尔德（Trish and Jim Hatfield）、米歇尔·娜塔莎·约翰逊（Michelle Natasya Johnson）、乔纳森·马克斯（Jonathan Marks）、乔·米勒（Joe Miller）、拉里·内斯珀（Larry Nesper）、西莱斯特·雷（Celeste Ray）、约翰·罗兹（John Rhoades）、埃丽卡·斯特普勒（Erica Stepler）、克里斯托弗·汤普森（Christopher Thompson）、莫妮卡·乌德沃尔迪（Monica Udvardy）和克里斯托弗·文特（Christopher Wendt）。也同样感谢丹尼·加沃夫斯基（Danny Gawlowski）在摄影作品上一如既往的贡献，它们对于文本的阐释非常有帮助。

此外，我也想借此机会表达对 Rowman & Littlefield 出版社所有员工的感激之情，他们能让写作和出版成为一种享受。他们用最专业的方式来对待我和这本书，一直热心地与我商讨我的许多观点（包括一开始我认为可能不会被选中的那些）。在时下的作品出版中，这种情形已经很少见了，在此我深深感谢能有机会同 Rowman & Littlefield 出版社合作。

第一部分

人类学、文化和民族志

3

第1章　进化与种族批判：一个小故事

- 故事的背景：变迁和进化
- 拉开的序幕：进化、误解和种族
- 博厄斯的故事、种族批判和现代人类学的出现
- 故事对我们的启示：投身行动之中

所有社会，包括我们每个人，最终都会“迷失在时间中”——每个曾经存在的人类社会都处在一个流动和变化的状态中。

简单来说，**人类学**就是对人类过去和现在所有的生物复杂性与文化复杂性的研究。看到这儿你可能会问：这句话到底指的是什么？人类学家实际上都知道些什么？他们都做些什么？如果追根究源的话，谁是人类学家？他们的哲学或世界观是什么？他们为何会选择研究这一特殊（有人或许会说是奇异的）领域？别着急，我会在书中逐一探讨所有这些问题，不过，我认为最好还是用一个关于人类学为何会出现的故事来引领我们上路。事实上，

这个故事很复杂——我将这个故事分成了几个部分，它会告诉我们关于这一学科的范围，及其发展进程的许多东西。

我之所以用这种方式来开始我们的讨论，是因为讲故事可以有效地吸引我们的注意力。故事可以帮助我们认识一些人或一些事。想想看，我们每个人都在讲述关于自己的故事——无论是我们的童年、家庭，还是我们去年或昨日的一段独特经历。实际上，所有人都在讲述他们自己的故事，将自己未经加工的经验转化为成形的叙事。一旦我们开始讲述故事，实际经历的当然已经结束了：在这里，故事将经历转化为语言。通过故事的语言，我们能够增进对他人的理解。经历、故事、语言——这就是人类生活的全部内容。[1]

像任何个体或人类社会一样，人类学也有自己独特的历史，有一个独特的故事要讲，并且是通过一种独特的语言。我希望能在本章及随后几章中，向大家传授这种语言。但是，这里我未免有点太过心急了。我需要先为要讲的故事搭起一个舞台。

故事的背景：变迁和进化

4

开创现代人类学的事件，始于晚近的18世纪和19世纪。这个故事源于有关变迁概念的激烈讨论，变迁指的是成为一个事物继而变为其他不同事物的过程。今天，我们往往认为变迁是理所当然的：我们认为自己的生活将会在换了新工作后有所改变，今年的新车将会不同于去年的，冬天将会在秋天结束后到来，夏季则会尾随春季而至。尽管如此，我们中的许多人却并不欣赏变迁的恒久存在。例如，你是否知道：地球的磁场在过去几百万年中倒转了数百次？你是否知道：现今的世界最高峰珠穆朗玛峰——一座年轻的山峰——事实上每年都会垂直上升一厘米？你是否知道：组成北卡罗来纳（North Carolina）外滩群岛（Outer Banks）的小岛，就像北美大西洋沿岸的许多“障壁岛系统”（barrier island system）一样，正在慢慢向西朝着海岸移动？你是否知道：自20世纪40年代杀虫剂开始在美国得到广泛使用以来，害虫已经以如此有效的方式适应并发生变异，现在由此导致的农作物损失约占损失总量的13%，而在20世纪40年代这一比例仅为7%？你是否知道：流感病毒每年都会席卷整个世界，并且在人与人的传播过程中，会适应并发生变异？你是否知道：特定细菌感染，现在完全对曾经根除它们的抗生素产生了抵抗力？你是否知道：人类的身体在不断地改变和适应——现在它已不同于10万年前或5万年前甚或是100年前？你是否知道：事实上不存在任何不变的社会，所有社会，包括我们每个人，最终都会“迷失在时间中”——每个曾经存在的人类社会都处在一个流动和变化的状态中？[2]

上面一系列追问都是为了说明，只要你留心观察自然环境或文化环境（包括其过去和现在），你就能轻松地认识到这一点：地球与生活在其上的一切，包括人类在内，总是处在一种转变的状态中。世间万物都在不停地变化。没有什么是静止的，一切都是变动的。事实上，就像古希腊哲学家赫拉克利特（Heraclitus）

曾说过的，“唯有变化才是永恒”。这一思想，或者说这一概念，对我们思考问题（不论这些问题是过去的，还是现在发生在我们身边的）都非常重要，因为它同如今自然科学和社会科学的几乎所有学科——从医学到物理学，从化学到数学，从地理学到人类

图 1-1 变迁的进程在我们周围随处可见。例如，就像所有北美大西洋海岸所谓的“障壁岛系统”一样，组成北卡罗来纳外滩群岛的小岛也正在慢慢向西移动。北卡罗来纳著名的哈特拉斯角灯塔（Cape Hatteras Lighthouse，美国最高的灯塔），始建于 1870 年距离海岸线约 400 米远的地方，但到 20 世纪晚期，海水已经漫到了灯塔底座，并开始侵蚀灯塔的地基。灯塔面临着迫在眉睫的毁损的危险。1999 年，灯塔被移到内陆离海岸线约 800 米远的一个大平台上。大约再过 100 年，人们还需要把灯塔向内陆移动得更远。照片由北卡罗来纳州交通部特别提供

学——都有密切关系。我的故事就从这里开始。

虽然我们今天可能会将变迁的思想视作理所当然，但是，人们并不总是能很好地理解它。回到 18 世纪和 19 世纪，生活在西方世界（欧洲和北美）的人们，往往倾向于把地球看成是一个自诞生以来不变的星球。他们通过由上帝创造的固定秩序来理解自身所处的世界，这个固定秩序被称为**存在巨链**（Great Chain of Being，又译“众生序列”）[3]。

存在巨链是一个关于停滞而非变迁的假设。它假设我们生活的这个世界仅有几千年的历史，它的基本设计一直是上帝创世时的样子，而且自创世以来几乎没有改变。此外，上帝把这个星球上的一切都放在永恒不变的层级之中。因此，所有事物都在完美的等级中占据一定的位置：位于最底层的是矿物质和植物；向上依次是昆虫、爬行动物和低等哺乳动物，再到人类，他们仅仅低于天使；而天使又低于上帝——不用说，上帝位于最顶端。在西方世界，许多早期科学家都收集来自世界各地的动植物，试图详细阐述上帝的计划。

显然，存在巨链并没有给变迁留下多少空间，尽管如此，早期科学家们还是好奇他们收集到的化石形态没有对应的存活个体。17 世纪和 18 世纪的大部分科学家，都是用基于基督教框架的**灾变说**（catastrophism）来解释这些灭绝的生物形态。该理论在当时认为：地球的变化只有一个原因，就是经由上帝之手实施的大灾难，比如《圣经》中详细描绘的大洪水。灾变说的这种早期形式由此帮助解释了存在巨链内部的“改进”，并使生物的层级得以保持完整并处于静态。

图 1-2　查尔斯·赖尔

并不是每个人都接受存在巨链理论，及其相伴随的灾变说。事实上，许多思想家的理论都与其针锋相对。这里面最卓越的人物之一，是苏格兰地质学家查尔斯·赖尔爵士（Sir Charles Lyell）。他著有《地质学原理》（*Principles of Geology*）一书，并在1830年到1872年间对该书做了11次修订。他提出一种地质学理论，认定地球的物理属性来自稳定渐进的过程［这被称为**均变说**或**渐变说**（uniformitarianism）］，对灾变说构成了挑战。赖尔基于自身对地质形态的细致观察，得出结论认为，地球存在的历史比欧洲人早先想象的要长得多：不是数千年，而是数百万年。缓慢稳定的变迁，是发生在地球这座星球上的一个不变的进程；地质形态，如大峡谷（Grand Canyon），并不是自从上帝创造它们以来就在数千年的岁月中一直保持一成不变，而是由大自然年复一年的磨损而形成的。赖尔认为，一种地质形态常会被另一种地质形态所替代。

尽管并非有意这么做，但是赖尔确实撼动了他当时生活的那个世界。或许今天看来这已经没什么大不了，但是19世纪中叶关于停滞和变化的争论，确实是最激烈的（在西方知识分子中间），并且人们的关注也不是没有道理。赖尔最重要的观点是：地质变迁尽管是连续的，但也是非定向性的（nondirectional）和非渐进性的（nonprogressive）。赖尔的精密观测揭示：地质形态的变化似乎既不存在规律，也没有理由。要知道，在这之前，科学家普遍认为变迁是由灾变导致的，当然，灾变是遵照上帝的旨意。赖尔提出变化是随机的和无目的的，以及上帝或许对此没多少兴趣的观点，对当时思想观念固化的人来说，确实是件很严重的事情。

7

在挑战灾变论和存在巨链理论背后假设的过程中，赖尔**帮助**发起了当时科学家群体中一场更深入、更复杂的关于变迁的讨论。当时出现了一系列全新的问题：如果地质形态不断地从一种形态变化到另一种形态，其他生物也参与这一进程吗？如果变迁是自然界的主导部分，人类和其他生物是这一连续进程的一部分吗？如果是，又是如何进行的？是否存在指导变迁的自然法则？例如，如果我们发现了不对应任何现存生物的化石，为什么化石所表现的古代生物今天不再存在了？它们是否有可能是现存生物的祖先？如果是，又是什么导致了一种生物变成另一种，或者完全灭绝了呢？我们今天地球上的生物多样性又是如何而来？

这些问题将我带到了我的故事中一个非常重要的部分。赖尔的研究对查尔斯·达尔文（Charles Darwin）及其生物变迁理论产生了重大的影响。在查尔斯·达尔文出生之前的许多年，就有许多哲学家、作家和科学家［包括他的祖父伊拉斯谟·达尔文（Erasmus Darwin）］已经开始思考，是什么促进了生物变迁，或者说是**进化**（evolution）的产生。但是直到达尔文于1859年写出《物种起源》（*The Origin of Species*），进化理论才为人所接纳。也就是说，达尔文的观察比其他任何人的观点都更能解释是什么使得变迁对生物有机体发挥作用。

达尔文观察了农场主和动物饲养者如何选择某些特征来培育新的动物品种。他暗自寻思：自然也能做或是已经做了类似的事情吗？相比于饲养员改变驯养牲畜的形态，是否存在某种自然驱动力，促使一个生物发生变异呢？如果是，这一动力能否解释在现存生物和化石记录中发现的灭绝生物之间观察到的变化？带着这些疑问，达尔文提出了自己的看法：环境的变迁对所有生物都施加了压力，迫使它们产生变化，如此它们才有可能跨越时间生存下来。就像一个饲养员向农场或驯养的牲畜施压来促使改变，一个变化的环境也给生活在这一环境中的生物施加压力，来促使其发生改变。为了能在变化的环境里生存，生物体必须有能力繁殖自己的后代，否则就要面临灭绝。

图 1-3　达尔文

达尔文将这一促进繁殖和生存的压力称为**自然选择**（natural selection）。达尔文写道：“每一物种所产生的个体数，远远超过其可能存活的个体数，因而便反复引起生存斗争，于是任何生物所发生的变异，无论多么微小，只要在复杂而时常变化的生存条件下以任何方式有利于自身，就会有较好的生存机会，这样便被自然选择了。根据强有力的遗传原理，任何被选择下来的变种都会有繁殖其变异了的新类型的倾向［着重号为原文所有］。”[4]

8

因此，对达尔文来说，自然选择的关键之处，就在于变异性（variability，或者说群体的生物多样性）和差别化繁殖。这句话稍稍有些难懂，我需要简单解释一下它的确切含义。

下面这个距今较近的例子，也是关于自然选择如何发挥作用的经典案例。在英国的曼彻斯特（Manchester），桦尺蠖（peppered moths）的生活一直都有严密的记录。公元1900年前，绝大部分桦尺蠖都是浅色的，只有很少个体的翅膀是深色的。然而，1900年后，二者的数量发生了改变。深色的桦尺蠖开始占大多数，只是偶尔才能看到几只浅色桦尺蠖（仅有约5%）。但到20世纪

图1-4　达尔文观察到农民和动物饲养员会遴选动植物某些特征来培育新品种。例如荷斯坦牛（Holstein）就是一种被选育出来用于牛乳生产的奶牛品种，最早出现在大约2000年前的欧洲。照片由丹尼·加沃夫斯基拍摄

60 年代，两种颜色桦尺蠖的数量又开始回到 1900 年前的比例。

在这中间发生了什么？显然，群体构成改变了。是什么导致了数量的改变呢？这其中就发生了自然选择：环境的改变施加压力，促使桦尺蠖发生改变。这是一个宏大的场面。1900 年前，所有的桦尺蠖都繁殖浅色和深色的后代，但是浅色桦尺蠖要占大多数——也就是说，“亲代桦尺蠖”希望它们的“子代桦尺蠖”中有更多的浅色桦尺蠖，而仅有很少的深色桦尺蠖。原因在于，深色桦尺蠖（在发育为成虫后）常常寿命不长。因为它们的深色外形，鸟类很容易发现并吃掉它们。相比之下，浅色的桦尺蠖就可以逃过鸟类的眼睛，尤其是当其趴在那些跟它们身体颜色相近的长满青苔的树上的时候。因为这些浅色的桦尺蠖难以被发现，它们就可以长大成熟，并繁殖出比深色桦尺蠖更加成功的下一代桦尺蠖。

9

1900 年以后，英国的城市发生了一些变化，工业化飞速发展，走在世界前列。由于没有制定任何反污染或清洁空气的法律，曼彻斯特变成了一个极其肮脏的地方。在很短的时间内，当地的树木就变成了黑色。这种环境的改变，使得先前两种桦尺蠖的境遇刚好反了过来。现在，鸟类可以轻易地发现浅色桦尺蠖。相比之下，深色桦尺蠖就更容易被忽视，尤其是当其趴在现在同它们身体颜色相近、肮脏且长满青苔的树上时。结果也就导致只有极少数浅色桦尺蠖可以达到性成熟来繁殖它们的下一代幼虫。[5]不过，20 世纪 60 年代后，清洁空气与反污染法的出台，造就了一个洁净的曼彻斯特，桦尺蠖的数量也随之恢复到 1900 年前所观察到的比例结构。[6]

我刚讲的桦尺蠖故事，只是对自然选择进程一个过于简化的描述，但这已经足以说明，桦尺蠖群体的表型变化是受下列因素的影响：第一，周围环境的改变；第二，一些个体能够自我繁殖并将其适应环境上的成功传递给下一代。然而，如果是为了促进生存或变异，繁殖的进程必须有可以发挥作用的东西。在桦尺蠖的例子中，没有它们的遗传多样性——也就是说，如果最初在它们的群体中没有深色桦尺蠖——它们或许无法在1900年环境变化后存活下来。这一点很重要。对深色桦尺蠖的**需求**，不会导致数量的变化；自然选择只能通过已有的变异性发挥作用。这是达尔文在写下“除非有益的变异发生，自然选择什么都不可能做”时所想到的内容。[7]对于达尔文来说，变异性和成功繁殖（生育下一代的能力）是最终导致自然选择在环境中发挥作用的因素；在这种环境中，所有个体的存活率总是有限的。事实上，如果不能通过成功繁殖来适应不断变化的环境，任何现存的生物都会灭绝。考虑到曾生活在这个星球上的98%—99%的物种现在都已灭绝，所有现存的生物都必须努力保持变化。没有那样的能力，我们人类也会真的不复存在。

达尔文的核心问题是物种的起源或分化，也即一个物种随着时间的推移怎样并为何演化为另一个物种。尽管达尔文明白变异和繁殖的中介是遗传，他却没有完全理解遗传与当地环境之间的实际互动，是如何通过繁殖过程造成生物变迁的。尤其是自现代遗传学出现到今天，我们知道生物变迁的复杂性比达尔文所能想象的还要复杂得多。然而，我们目前对生物变迁的理解，仍基于达尔文最初的“通过自然选择适应”的想法。举例来说，这种机制能够使昆虫成功适应杀虫剂——就像一些果蝇对杀虫剂产生了上千倍的抗药性；一些蚊子把杀虫剂当成食物；菜蛾（diamondback moth，一种威胁棉花生长的害虫）进化出这样的适应机制，当它的腿碰到喷过杀虫剂的作物时竟会自动脱落（它可以不受沾染地安全飞走，新的腿会取代旧的）。这种机制使得流感病毒随着在世界各地人体间传播而适应并发生变异。这种机制可以解释为什么人体会不断地发生改变。可以肯定，这就是生物变迁（用达尔文的术语来说就是进化），这曾在实验室中得到证明，也曾在自然界中被观察到无数次。[8] 例如，达尔文提出，进化变异（evolutionary change）是在代际间缓慢而逐步进行的，并且因为这是在数百万年间发生的，所以只能在追溯中加以描述。科学家却在实际生活中**观察到了**进化的过程。在一些动物，尤其是那些繁殖很快的动物（比如昆虫或鸟类）身上，他们仅仅在几年内（甚至更短时间内）就观察到了进化变异的发生。[9] 这些证据具有不可抗拒的说服力，推动了一些研究生物变迁的学者将进化本身作为一项法则，而不是一种理论。[10] 至此，我们已经摆脱了疑问的蒙蔽，可以得出这样一个结论：生物变迁是无可争辩的事实（我们可以肯定，不存在不发生变化的生物有机体）。但是，进化究竟**如何**起作用仍是进化论的中心问题。例如，我们也只是刚刚开始了解病毒和细菌在人类中的变化有多快，我们的身体会怎样随之继续进化。[11]

11

你可能会对上面谈到许多进化问题惊讶不已，但这对了解人类学的故事至关重要。舞台已经搭好了，下面我就开始揭开故事的序幕。

> **● 此时此地的人类学**
>
> 登录网站“进化：一场探索人类起源和未来的旅程”（www.pbs.org/wgbh/evolution，访问时间为2014年1月9日），你能了解更多关于复杂的进化历程，以及人类学家和其他科学家如何一直不断地扩展我们对地球生命的理解的信息。该网站包括大量原始文献材料、视频、文章和互动页面，以及相关链接。

拉开的序幕：进化、误解和种族

自从达尔文首次提出了“自然选择是生物的变迁机制”，人们都误解了它。在大多数英语国家的日常用语中，进化一词通常暗指有目的的进步——也就是说，从差的事物变成好的事物，或从不完美的状态变为完美的状态。但对达尔文和许多更加机敏的科学家来说，进化并不总是指代“进步”；事实上，“进步”是我们看待进化过程的一种价值观。

像赖尔一样，达尔文的《物种起源》最终也会引发这样一种观点，即改变是非定向性的，不一定会特意朝着某个方向变化。比如说，在桦尺蠖的例子中，它们并不是进化为某种“更高等的”或者“完美的”形式，而仅仅是从一种形式演变为另一种。这些变化可能创造出复杂性，于是进化并不总是“支配”或者“指挥”它。即使是进化性的适应，比如那些可能在短期内是有益的，也可能在长期内转变成有害的（特异性适应会导致生物体的灭绝）。这是进步吗？我是否未察觉出什么？是的，你确实未察觉到：生物变迁与变化着的环境是相互作用的——这一进程可能显露出来的并不是一些无处不在的“进步”观点。

12

如果进化在今天不是指进步，我们又是从哪里得到“进化一定就暗指进步”这种观点的呢？达尔文的自然选择理论，极大地影响了科学界和大众关于世间万物，尤其是人类，怎样及为何会随着时间的推移而改变的思考。但是，毫不令人惊讶的是，达尔文的自然选择理论，不断地被进步的视角所重塑。[12] 例如，在 19 世纪的人类学中，**社会进化论**［social evolution，也称进化论或单线进化论（unilineal evolution）］这一理论分支认为：所有的人类生活方式，都经历了相似的发展顺序或阶段。例如路易斯·亨利·摩尔根（Lewis Henry Morgan）等社会进化论者认为，所有的人类都可归入这样一个发展顺序：所谓的原始人在最底端，“野蛮人”位于中间，“文明人”处在最顶端。当代的“原始人”体现了进化的早期阶段，文明的欧洲人或美洲人都曾经历这一阶段。[13]

图 1-5 路易斯·亨利·摩尔根

13

图 1-6 社会进化论者在偶然碰到古代文明的遗迹时，往往会认为：这些遗迹一定是早期的欧洲探险者和商人建造的。对他们来说，那种认为这些遗迹是由那些被称为“原始人”的当地居民的祖先建造的想法，是不可思议的。图中所示是大津巴布韦（Great Zimbabwe）遗址的一面外墙和一段内墙（插入图），这里是由距今 700—1000 年前的绍纳人（Shona）建造的古城市的遗址，位于今非洲南部津巴布韦境内。照片由作者本人拍摄

12

进化论非常类似于另一个更加流行、更加极端的对达尔文自然选择理论的误解。一位名叫赫伯特・斯宾塞（Herbert Spencer）的社会哲学家，提出了一种“适者生存”的思想。没错，达尔文并不是发明“适者生存”这一术语的人。[14] 尽管达尔文最终用这个词来描述一个育种群中个体的生物繁殖能力，“适者生存”却是斯

宾塞所创，用来表达他对所谓优势种族的想法。值得注意的是，斯宾塞利用了达尔文的自然选择理论，来阐发自己对人类社会进步的想法："更适应"或更有优势的人类社会和群体，要胜过较不适应和较少优势的社会和群体。[15]

讲到这里，我的故事将会发生一个不祥的转向。斯宾塞的"适者生存是人类进步机制"的粗俗化论调，在所谓的**社会达尔文主义**（Social Darwinism）中扮演了重要的角色。社会达尔文主义是社会进化论的一种形式，这种观点认为：所谓的原始人不仅在技术或物质上是低等的（与进化论的论调如出一辙），在心智和生理上也是低等的。这一论断进而认为，当代的"原始人"之所以没能成功地发展到文明社会，原因在于他们"迟缓的"生物学进化。尽管社会达尔文主义最初主要流行于美国和欧洲如斯宾塞及其同辈那样的知识分子中间，后来却也被灌输进了大众的头脑中。它13极大地影响了世界各国人民对种族的看法，并且时至今日，仍在许多方面对我们产生深远的影响。[16]

在18世纪以前，**种族**（race）一词很少被用来描述人类群体之间的差异，但到19世纪初，种族变成了英语演讲中一个频繁出现的单词，指代假定的生物上低等或高等的人类群体。尽管欧洲人和美国人（以及许多其他社会）确实根据可观察到的肤色等表型特征来划分人群，但种族一词以前还没有同适者生存挂钩，并具有如此强大的社会含义：因为欧洲人（范围可以扩大到欧美人）相信自己比他们的邻居要更先进，便由此推14论出，自然法则指示他们应该主导其他群体——无论是在理论上，还是在实践上。[17]

这就是社会达尔文主义的“逻辑”。这一逻辑引发了下一世纪种族歧视的后果。到20世纪初，包括科学家和外行人在内的许多人，都接受了这种看法：生理因素、行为、智力和个人能力，都可用一个人所属的种族来解释。比如在美国，人们普遍相信，祖先来自北欧与西欧的美国白人（除了信奉天主教的爱尔兰农民）[在19世纪的美国，爱尔兰移民不被认为是“白人”。——译者注]，天生就具有智力高、行为自律且文明的更好基因。他们天生就是有教养的文明人。相反，非裔美国人或美洲原住民则都天生低等，并天生就倾向于做出不守纪律、不文明的行为。例如，当时人们普遍认为，黑人男性和女性在生理上隐藏着难以抵抗的性冲动。社会达尔文主义者认为，这在“较低的、下等的种族”中非常普遍。这种想法正好被用来合理化了一种日益增强的信念：这样的性“冲动”，只能通过当众拷打和私刑处死（lynchings）才能得到遏制。这两种刑罚的使用，在19世纪末和20世纪初的美国，达到了历史最高点。例如，单是在1888—1896年的8年间，就有超过1500桩记录在案的私刑事件。[18]

关于这些私刑事件，最奇怪的或许就是它们的公开程度，这足以证明美国人相信非裔美国人种族劣等性的范围有多广泛。

比如，1916年，在得克萨斯州的韦科（Waco），数千人围观一个名叫杰西·华盛顿（Jesse Washington）的男孩被私刑处死，先驱式的学者、非裔美国社会学家W. E. B. 杜波依斯（W. E. B. Du Bois）就这一事件写道：

当火在容器里燃起时，全身赤裸的男孩被刺伤了，铁链悬在树上。男孩试图逃走，却没有成功。他伸手想要去抓链子，他们却把他的手指砍了下来。当他们把男孩使劲往上拉时，一个壮汉一刀扎在了男孩的脖子后。……（然后）男孩被他脖子上的链子吊着，好几次被丢入火中。[19]

图 1-7 W. E. B. 杜波依斯

或许这些场景会令今天的我们大为震惊，但是，这在 19 世纪末 20 世纪初前后的几十年，却是再寻常不过了。这是报纸、大众杂志，以及像《一个国家的诞生》（*The Birth of a Nation*）之类的电影，为不断滋长的所谓优等和劣等种族的流行观念煽风点火的时代。“科学”在社会达尔文主义的伪装之下，不断地去解释、合理化并证明这些观点。[20]

15

更严重的事情还在后头。如果优等种族和劣等种族是作为生物学事实而存在的话，那么随之而来的就是种族不应该混合。如果混合了，劣等种族就会“污染”优等种族。例如，美国就曾实行过禁止白人和黑人种族通婚的法律，这可以追溯到 19 世纪早期。但在 1900 年之后，许多美国白人开始越来越担心，“低等种族”和来自东欧、南欧的移民群体正在“污染”美国社会。他们想知道，有没

图 1-8　在 19 世纪末 20 世纪初，私刑在美国是非常公开的事件。这张摄于 1930 年的知名照片记录了数千人在印第安纳州马里恩（Marion）目睹一场私刑。这张照片被作为纪念品售卖和分发，甚至还出现在明信片上。诚挚感谢鲍尔州立大学的档案与特藏馆提供资料

有一种方法，可以使美国把“不合适”的人从基因库中清除。答案就是**优生学**（eugenics），这是一项重在有选择地繁殖“最适应的”人群，以及清除“不合适”的人群的公众运动。[21]

在美国，一些州政府曾对那些被认为“不合适”或有“低等血统”的人实施强制绝育的政策。比如，弗吉尼亚州就曾蛮横无理、毫无缘由地强制绝育了数千人。[22] 他们这样做，是根据当时流行于美国和欧洲的“科学观念”来进行的。比如在 1929 年，当时的印第安纳大学（Indiana University）教授瑟曼·赖斯（Thurman Rice）曾这样写道：

> 我们以前接纳了几乎所有来自北欧的移民。他们绝大部分都是卓越的类型，并且在一起融合得很好。……但是今天的情形和过去完全不同。现今来到这里的大部分移民……来自东欧和南欧，以及与我们没有多大关联的其他地区。他们在“熔炉”中不和我们的血统相融合，并且如果他们和我们混血，他们的显性性状就会淹没我们本土的隐性性状；他们常常是引发无休止麻烦的激进分子和无政府主义者；他们有着很低的生活标准；他们搅乱了我们今天的劳动力问题；他们的生殖力极其旺盛。[23]

在欧洲，20世纪20年代一本非常流行的生物学课本这样写道：

> 如果我们继续浪费［我们的］生物学精神遗产，一如过去几十年那样，过不了多少代，我们就将不再优于蒙古人。我们的民族学研究必须引导我们，不要再傲慢自大，而要采取行动——通过优生学来进行人种改良。[24]

阿道夫·希特勒（Adolf Hitler）显然读到过这些言论的德语版。在狱中时，他用这本生物学课本和其他类似论调的书籍，来支持他在其《我的奋斗》（*Mein Kampf*）一书中阐明的观点。事实上，这些言论构成了他日益凸显的种族主义意识形态的基础。希特勒不仅梦想着通过选择性繁殖造就一个优等的雅利安种族，还梦想着从基因库中清除其他种族。[25] 然而，不同于当时其他优生学者的是，希特勒和纳粹将这些观点付诸实施到了空前的地步。希特勒利用优生学屠杀了600万犹太人和数百万“不适宜”的不受欢迎的人，像残疾人、天主教徒、吉卜赛人和同性恋者等，引发了如此大的震惊与不安，以致许多著名的优生学家都开始质疑优生学和社会达尔文主义的意识形态基础。[26]

但是，他们并不是唯一质疑社会达尔文主义和优生学的人。实际上，另外一种批评在“二战”前也在形成中。

17

博厄斯的故事、种族批判和现代人类学的出现

这里我们先停下来，简单回顾一下故事的背景和序幕：18世纪和19世纪科学中对变迁观念的争论，引发了一连串事件，将赖尔的《地质学原理》和达尔文的《物种起源》的出现联系起来；然而，达尔文的《物种起源》又反过来成为曲解进化（从进化论直到斯宾塞的适者生存说、社会达尔文主义和优生学）的原材料。

现在我们已经来到了故事的关键部分：现代人类学开始登上舞台。我之所以称它为现代人类学，是因为事实上，人类学通常指的是18世纪和19世纪的人类研究；这一名称频繁用于对所谓原始人的沉思，并扩展到关于社会进化的思考上。但是，人类学是一个大体上有些含混不清的称呼。直到19世纪中期，它才开始作为一门独立的学科出现。而且，构成现代人类学基础的思想和概念（至少在美国），也是直到19世纪末20世纪初才开始出现，主要由弗朗茨·博厄斯（Franz Boas）——开创美国人类学

最重要和最有影响力的人物之一——推动建立。[27] 最终，博厄斯通过批判种族和社会进化论，确立了这一学科的现代形式。

图 1-9　弗朗茨·博厄斯，承蒙美国哲学学会（American Philosophical Society）提供照片

博厄斯是受过德国学术训练的物理学家和地理学家。他有着犹太人血统，在1886年28岁时离开德国，移民到了美国——部分原因则是他年轻时曾亲身经历过反犹主义。在美国，他成为最有名的进化论、社会达尔文主义、优生学、种族和种族主义批判家之一。现代人类学，尤其是美国人类学，很大程度上是围绕着博厄斯和他的学生的学说而形成的。可以说，正是有了博厄斯，像我这样的美国人类学者，才能使这门学科的萌芽，逐步发展成为今天我们知晓并热爱的人类学。所以，在故事的剩余部分，我将重点讲一讲博厄斯。

在19世纪晚期和20世纪早期关于社会进化的争论中，博厄斯开始信奉一种激进的观点：**社会**或**文化**是意义的联合体，而非事物或技术的联合体；任一文化或社会，都不能单是通过与欧洲或美国社会进行比较来理解。博厄斯通过一系列文章，提出了**文化相对论**（cultural relativity）的观点。这一观点认为，每一个

18

社会或每一种文化，必须根据自身情况来理解，而不能从局外人的眼光去理解。他认为，诸如原始人、野蛮人或文明人这样的词语，都是相对而言，都是从外部去评价其他群体和人民时所用的术语。他认为，为了理解与我们不同的他者，我们必须从他们自身的看法出发，去理解他们的世界。为了做到这一点，科学家必须同那些人一起生活，直接体验那些社会。

博厄斯不是通过推测，而是通过亲身实践得出这一结论的。他曾在19世纪80年代与北极圈的爱斯基摩人或因纽特人生活在一起，并研究当地的地理情况。许多社会进化论者（比如社会达尔文主义者）往往凭想象认为，像因纽特人那样的族群，即文明发展序列中的“原始人”，头脑比欧洲人要简单得多。但是，博厄斯发现，因纽特人在处理地形方面，有着让人难以置信的复杂方式，比起同时代欧洲人所制的北极地区地图要详细得多。他由此推论出：不同的环境创造不同种类的需要，进而导致不同族群的人们创造不同的技术作为回应。简而言之，不同的环境创造不同的需要，社会或文化创造不同的技术来满足这些需要。

19

博厄斯也认识到，因纽特人也要面对很多与“文明人”一样的问题，像寻找食物、婚姻家庭、出生和死亡、冲突等，但是他们解决这些问题的方式却与“文明人”极为不同。对于博厄斯来说，这可以通过文化差异而非生理差异得到解释。例如，复杂的地形知识与因纽特人的生理属性并没有什么必然联系，而更多地与文化如何在一代又一代的传承中创造一套在北极恶劣的自然环境中生活的实践指南有关。博厄斯认识到，尽管恶劣的自然环境产生了特定需要，许多因纽特人的文化实践却和其周围环境没有多大关系。事实上，语言、经济、政治、宗教、婚姻、家庭组成，以及冲突的解决，都有更加复杂的基础。博厄斯说，要想了解为什么一个特定的社会不同于另一个，关键就隐藏在特定族群的历史之中。

博厄斯这种理解特定社会的方式，最终被称为**历史特殊论**（historical particularism），它假定每个社会或每种文化都是自身历史的产物。博厄斯认为，一个特定的社会或一种特定的文化，更像一个个体的人：如果你想了解一个人，知道他/她来自何处将会对你很有帮助。个人就像社会，本质上是独特经验的碰撞，这些经验发生在个体过去的历史中。博厄斯认为，从狭义上来说，你就是你的特殊历史的产物；从广义上来讲，每个社会都是其特殊历史的产物。

博厄斯因此持有这样一种观点：任何文化或社会，就像个人一样，都有非常复杂的特殊性，以至于不可以同另一个进行比较。他认为，具体社会之间的比较，更像是进行价值判断，而并非一种科学的做法（社会进化论者就是这样得出他们认为的社会从原始到野蛮再到文明的发展顺序的）。他说，即使对那些做比较的人来说，比较也是相对的。事实上，从因纽特人的视角来看，不同于因纽特人，欧洲人有常备军、战争、普遍的贫困，以及肮脏的城市，他们才是真正的“原始人”呢。

在这一思想的指引下，理解社会进化论的缺陷或许会容易一些。比如，社会达尔文主义者认为，胜利的战绩、帝国主义和殖民主义的后果是自然事实，也是更加适应者（也可称为“文明人”）战胜适应较差者（也可称为“原始人”）的产物。他们并不认为，“破坏”“统治”或“殖民主义”，是他们自身社会和历史的建构。社会达尔文主义者继而反向论证出：那些“拥有”什么的人之所以“拥有”，是因为他们天生的遗传或者生物性特征。但是你我都知道，拥有哈佛大学学位，与一个人的家庭历史、社会经济地位和个人的遗传智力同样相关。哈佛学位和它的回报都是社会建构，而不是生物性建构。

20

无论如何，博厄斯职业生涯的大部分时间，都致力于推动现代人类学沿着这些方向发展。通过对“差异可以用文化而不是生物性来解释”的论证，他在美国的种族批判中发挥了重要作用。博厄斯当然不是唯一的批判者。在19世纪末20世纪初直到“二战”之前的那些年间，许多其他批评者，如杜波依斯，也都极力谴责社会达尔文主义和优生学提出的具有种族倾向的观点。但是，博厄斯无疑是这些人中最直言不讳者之一。

在对世界各地不同人群的资料进行了多年研究之后，博厄斯没有发现任何证据支持以下观点：一个种族要比另一个优越，或是一个种族生来就比另一个更聪明。并不是说这种观点在政治上正确或是社会认可的——这在当时绝对是违反常理的——只是博厄斯找不到任何支撑它的证据。博厄斯在1928年写道：“解剖学家无法确切区分一个瑞典人和一个黑人的大脑。每个群体中个体的大脑都是形状各异的，以致常常很难判定……某个大脑是瑞典人的还是黑人的。”[28] 然而，博厄斯的批判要远比我们这里所引的深入得多。高等和低等种族的观点最终都是有缺陷的，因为种族这一概念本身便是有缺陷的。记住这一点，我们来思考下面的问题。[29]

种族概念认为，一个特定种族的内部，要比种族之间有更多的生物相似性。依照这一逻辑，举例来说，欧裔美国人相互之间的相似性，要比他们同非裔美国人之间的相似性更多，反之亦然；因此，随之而来的是，彼此间清晰的差异明确地划分了这些种族间的界线，从而使得他们与其他人区分开来。但是，博厄斯和后来的人类学家却发现：首先，在一个所谓的种族的内部，人们相互间存在着更多的差异性；其次，在那些被认为分属所谓不同种族的个体之间，存在更多的相似性。所以，与种族的逻辑正好相悖，人们有可能像在他们内部一样，也在跨种族的界线间共有相似性，这取决于我们研究什么样的特征。博厄斯写道：“从纯粹生物学的视角来看，种族统一体的概念垮掉了。每个种族所包含的家族谱系的数量、个体和家庭类型的多样性是如此之大，以至于没有哪个种族可被看作一个整体。此外，相邻种族之间，以及就功能而言甚至是在不同种族之间的相似点，也是如此之大，以至于很难明确地把个体归入这一群体或那一群体。”[30]

这里我们单独来看一下“白人”和“黑人”这一分类。从本质上来说，博厄斯说的是，在一个所谓的种族的内部，其差异比起所谓的种族之间的差异要大得多。这是什么意思呢？别急，我们先来看看肤色。

人类的肤色深浅不一。比如说，欧洲人的肤色存在许多不同，从北半球高纬度地区的非常浅，到地中海地区的中等肤色。如果这些欧洲人生活在美国，许多美国人或许会把这些欧洲人放在“白人”的种族分类中，这是基于他们有着欧洲祖先的事实。在非洲人中，肤色从非洲北部的中等肤色，到非洲中部和南部有些地区的非常深的肤色，其中也有许多不同。非洲北部有些地区的人们，有着和他们居于地中海地区的欧洲邻居非常相近的肤色，而且在某些情况下，他们的肤色还要显得更浅一些；然而许多美国人可能还是会将某些北非人划定为“黑人”，而将其他北非人划定为“白人”，尽管在这些欧洲人和非洲人，也即所谓的白人和黑人之间，仅有很少或者根本就没有肤色上的差别。相反，许多非洲人或许会决定将这些人放在完全不同的白人和黑人的分类中。这就是问题所在。

单看肤色，生活在地中海地区的所谓白人妇女和生活在非洲北部的所谓黑人妇女之间，有着更多可观察到的相似点；并且生活在地中海地区的所谓白人妇女和生活在欧洲北部地区的所谓白人妇女之间，有着更多可见的肤色差别。相反，生活在非洲北部的“黑人”妇女和生活在非洲南部的“黑人”妇女，在肤色上则有更多看得见的差别。在哪里画分界线，以及一个人应该归于哪个种族范畴，是完全主观、极不明确的。简单来说，如果你仅仅根据从浅到深的肤色而把世界上的人进行排列，那么你在“白人”和“黑人”间，或者在“白人”和“黄种人”，或是在“黄种人”和“红种人”之间画的分界线就是完全任意的（arbitrary）；也就是说，任何给定的个体可能把这条线画在任何地方。这就是博厄斯的观点。他阐释道，种族并非基于经验上可靠的证据，它是一个专横的人为的创造，是一种社会建构。博厄斯还认为，在生物层面上，人类作为一个整体，相似性要多于差异性，这主要是因为自从智人出现以来我们一直都在杂交。博厄斯写道："人类种族的历史……向我们展示了人类在不断变动。东亚的人们迁移到欧洲；西亚和中亚的人们则涌入南亚；北欧人向地中海国家扩散；中非人将他们的

23

图 1-10 尽管许多人可能会认为乡村民谣歌手威利·纳尔逊（Willie Nelson）是"白人"，他却声称自己有着美洲原住民的祖先。例如，他曾两次当选"年度杰出印第安人"。事实上，许多美国人的祖先中都混合了一些来自世界各地的不同人群，包括欧洲人、非洲人、亚洲人和美洲人等。所有人类，不仅仅是美国人，都体现出了多种族群的生物混合。因此，正如博厄斯指出的，这是我们共同的生物遗产。图片由丹尼·加沃夫斯基拍摄

22 领土扩展到几乎包括整个南非；来自阿拉斯加（Alaska）的人们则蔓延至墨西哥北部，反之亦然；南美人几乎在整个大陆东部到处都有定居点；马来人（Malay）的移民向西到了马达加斯加（Madagascar），向东甚至远至太平洋——简而言之，从最初开始，我们就有了一张人类不断迁移，多种人类族群随之混合的地图。"[31]

考古学和遗传学证据也都支持博厄斯的观点：没有一个人类群体会一直待在原处不动，或是能够隔绝足够长的时间以造就一个单独繁衍的群体，支持一个独立的生物学上的亚种，或称"种族"。目前的人类生物学研究也同意这一观点——当检测人类的脱氧核糖核酸（DNA）时，人类的种族划分就不攻自破了。事实上，我们人类在生物层面上是大致相同的。

尽管如此，博厄斯并不认为生理差异是虚幻的，因为它们的确真实存在。像肤色、身材、头发类型或瞳色等特征上的差异，都是明显存在的，并在人群内部不断复制。博厄斯认为，种族概念的问题在于，它假设在肤色、身材、头发类型或瞳色等可见的特征之间存在着关联。然而，他却发现这与事实正好相反。例如，许多东非人有着黑色的皮肤，身材一般都比较高大，这与许多来自北美平原的美洲原住民很像。这些美洲原住民一般比较高大，并拥有黑色的眼睛，这又颇像东南欧人。许多东南欧人除了有着黑眼睛，还拥有波浪形的头发，这和一些澳大利亚原住民又很类似。
23 澳大利亚原住民的波浪形头发下面一般是黑色皮肤，这又像许多东非人一样。类似这样的例子还有很多很多。

博厄斯再次指出了种族分类存在的问题。我们根据所关注的可见的生物特征，最终得出不同的种族分类。如果我们决定只关注一般身材高大的人群——同样我们也常常单独考察肤色——我们所划分的种族可以包括东非人、来自北美平原的美洲原住民，甚至还有斯堪的纳维亚人。

当代的人类生物学再次支持了博厄斯的看法。以血型为例。A、B、O 型基因频率（gene frequency）不符合我们的种族概念。东非一些群体的 A、B、O 型基因频率，几乎跟欧洲一些群体相同。但是，在这方面，这些欧洲人与东非人同西非人有着非常大的差异，许多西非群体往往有更高的 B 型血分布（顺便说一下，一些亚洲群体也有相似的情况）。简而言之，如果单独考察 A、B、O 型血的分布，那么一些欧洲人和东非人之间可以拥有比东非人和西非人之间更多的相似性。[32] 这种交叠不是例外；事实上，它常常是一条规则。就像人类学家乔纳森·马克斯所写的那样："一个大的德国人样本，最终证明与一个大的新几内亚人样本有着几乎相同的［A、B、O 型血的分布］……一项对东欧爱沙尼亚人的研究……发现他们几乎和东亚的日本人一样……"[33]

24

了解了血型分布，我们再来看另一个例子：镰状细胞性贫血（sickle-cell anemia）是一种血细胞疾病，它最终会影响人体的血液循环。镰状细胞性贫血多在非裔美国人中发病。这是因为他们中许多人都有患这种疾病的非洲祖先，甚至在今天，一些非洲族群仍患有这种疾病。但是，镰状细胞性贫血并不只存在于非洲，也存在于地中海地区，以及南亚与中东的部分地区。

这为我们理解人类生物性如何起作用提供了最重要的一点。从生物学观点来看，镰状细胞性贫血等生物变异，是同**群体**（population）相联系，而不是种族。非洲、地中海地区、南亚和中东的镰状细胞性贫血的再次出现，同这些地区疟疾的出现紧密相关。这些群体中，生来就有杂合的镰状细胞性贫血基因（即他们只从一个亲代那里遗传到镰状细胞等位基因）的人，比那些同型结合的镰状细胞性贫血患者（即他们有着来自双亲的先天的镰状细胞等位基因，如果不进行治疗就会致命），又多了一个适应性优势。因为杂合的基因配置抑制了疟疾，这些个体虽然生活在深受镰状细胞性贫血和疟疾双重困扰的群体内，却能够并且常常活到了繁衍后代。[这当然是一个不完美的进化权衡（evolutionary trade-off），但正如你现在所知的，自然选择并不是朝向完美；它的作用是尽可能提高生物在多变环境中的生存能力。][34]

所有这些都是为了说明，生物性特征（像镰状细胞性贫血、血型分布、肤色、身材、头发类型或者瞳色等）和自然选择（以及性选择、定向选择或稳定选择等其他机制）共同作用，产生并复制一系列生物性特征，以此来提高特定群体在特定地区的生存能力。例如，非洲南部的原住民通常拥有皮肤黝黑、身材高大、几乎没有镰状细胞性贫血、黑色眼睛、O型血分布很高等体质特征，这是因为他们的生活地点以及他们与谁结婚生子，而不是因为他们属于一个许多人称之为“黑人”的种族。

这里我解释一下何谓**文化选择**（cultural selection），简单说就是社会或文化对生物的影响。例如，许多美国人都会在他们所谓的种族内部通婚，反复地复制某些可见的特征，比如说肤色。但是，这又把我带回到了博厄斯那里。他和他的学生们，以及随后的几代人类学家都认为，种族是由社会或文化创造的，而不是由生物属性创造的。事实上，他们说，这是一种社会建构：种族并非一个经验性事实，现代的种族概念杂糅了生理、行为和智力因素，作为一个民间概念出现在欧洲和美洲历史中。这一民间概念由此有了强大的力量，来塑造人们对人类相似性与不同点的看法，塑造人们如何生活、如何感受自己的生活，以及如何阐释他人的生活。[35]

为了解释清楚这一点，让我们返回到卡尔·林奈（Carolus Linnaeus）那里。他提出了我们今天称之为**分类学**（taxonomy）或**林奈阶层系统**（Linnaean hierarchy，界、门、纲、目、科、属、种）的分类体系。林奈是科学界最早定义种族的人之一。在1758年版的《自然系统》（*System of Nature*）一书中，他划分了如下四个种族，并界定了它们的特征。

欧洲智人种（亦称“欧洲白种”）

白皮肤，严肃，强壮。头发金色平滑。蓝眼睛。积极好动，非常聪明，善于创造。穿着紧身的衣服。受法律约束。

亚洲智人种（亦称“亚洲黄种”）

黄皮肤，忧郁，贪婪。黑头发。黑眼睛。严厉，傲慢，欲望较多。穿着宽松的衣服。受观念约束。

美洲智人种（亦称“美洲红种”）

红皮肤，脾气暴躁，好战。黑头发并且直而厚。鼻孔粗大。面部粗糙，胡须稀少。顽固，满足，自由。身上涂抹红线。受习俗约束。

26

非洲智人种（亦称“非洲黑种”）

黑皮肤，冷漠，懒散。头发卷曲。皮肤平滑。鼻子扁平。厚嘴唇。妇女有生殖器皮瓣，胸部丰满。狡诈，迟缓，愚蠢。身上涂有油脂。完全不受约束。[36]

现在即使不是一名目光敏锐的科学家，也能认识到林奈的分类是多么有偏见，他像社会进化论者一样，评价他人不是通过知识，而是仅仅基于感觉，基于当时欧洲根深蒂固的观念。

林奈表达了这样一种假设：欧洲白人是“严肃而强壮的”，而其他种族或是“忧郁而贪婪的”，或是“脾气暴躁和好战的”，或是“冷漠而懒散的”，这一设想一直停留在科学家和大众的心中，直到博厄斯挺身而出。博厄斯写道：“这解释了，为什么无数著作和论文的写作过去一直并且现在仍是基于这样的假设：每个种族都有它自己的心智特点，这些特点决定着其文化或社会行为。”[37]博厄斯再一次找到了充分的证据，来确切地证明这些假设完全没有依据。行为差异是通过社会和文化机制，而不是通过生物遗传来代代相传的。

种族概念本身尤其阐释了这一点。正如我所说，林奈和其他人提出的观点一直具有引导世世代代的人们如何定义自身和他者的巨大力量。可以肯定，种族作为一个社会范畴是非常非常真实的（回忆一下美国 19 世纪与 20 世纪之交普遍存在的私刑习俗）。这些把生物和行为联系起来的观点，不断地向我们灌输关于“白人”“黑人”“印第安人”或者其他所谓的种族群体应该如何行动和有何行为的信念——无论我们可能属于哪个或哪些群体。我们不仅仅通过基于生物种族的假设来选择配偶以复制特定的生物特征，我们也在自己创造并维持的种族类别之内和周围复制我们的行为。种族就像一个强大的矩阵，我们都生存于其中，无论我们是否意识到这一点。

说完这些，我应该改写一些我早先说过的话。我曾说过，在生物界中，种族类别之间是没有清晰界限的。这一点只适用于生物界。从文化和社会的角度来说，群体内部强烈的相似点，以及群体之间的界限，确实是存在的。

27

博厄斯因此提出了一个乍看起来有些矛盾的观点：种族不存在，但是它又确实存在。认为种族不是**生物**的存在，并不是说它不存在于人们的头脑以及日常经验中。博厄斯及其后许多人类学家的看法，与当代人类学家奥德丽 · 斯梅德利（Audrey Smedley）的一致：“种族与人类的生物多样性之间，不存在本质上的必然联系。……这种多样性，主要是进化动力（evolutionary forces）的自然产物。而种族是一个社会发明。”[38]

当然，我们今天生活在其中的种族群体，作为社会发明不是凭空出现的。它的出现最早开始于科学家在生物和行为之间建立了联系，以此证明不平等的合理性，直白而简单。从历史的视角

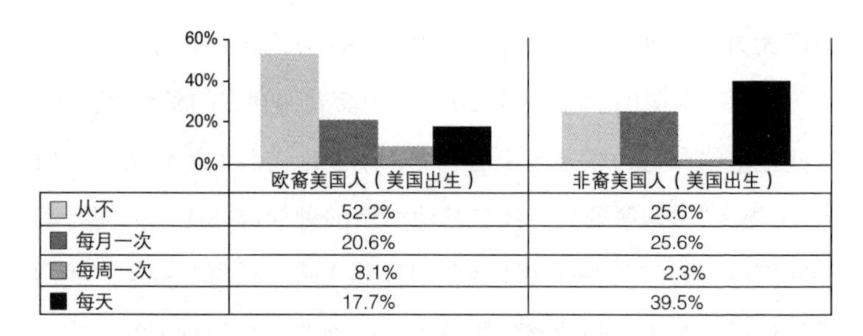

	欧裔美国人（美国出生）	非裔美国人（美国出生）
□ 从不	52.2%	25.6%
■ 每月一次	20.6%	25.6%
■ 每周一次	8.1%	2.3%
■ 每天	17.7%	39.5%

图 1-11　美国人多长时间想到一次自己的种族？种族在生物属性上不存在，并不意味着它就不会在人们的日常生活经验中或多或少地存在。事实上，它所遗留下来的问题仍在深深地困扰着我们。近年的民意测验显示：在所有的非裔美国人中，有近一半人受到过某种形式的种族歧视，结果，他们被迫要比美国白人更常想到他们的种族身份。一项为期两年的大学生研究报告显示，52% 的白人学生从不考虑他们的种族身份，与之相比，则有 39.5% 的黑人学生每天都要想到自己的种族身份。

资料来源：数据改编自 Melanie E. L. Bush，*Breaking the Code of Good Intentions: Everyday Forms of Whiteness*（Lanham, MD: Rowman & Littlefield Publishers，2004），65，表 2.2

28

来看，很明显，种族概念的出现，是为了使那些像奴隶制一样的制度，以及诸如社会达尔文主义和优生学等观点，变得更加让人可信。奴隶、原始人或野蛮人之所以被称为奴隶、原始人或野蛮人，是因为他们被划分为某个种族类别。而且从逻辑上来说，所谓的奴隶、原始人或野蛮人必须受统治，是因为他们被设定了低等身份；社会达尔文主义者认为他们就像孩子。可以肯定，种族概念是在那些自认为优秀的人们中间产生的，而这些人又处于群体内部和群体之间的权力关系的背景中。并且，科学与这一民间观念的建构和解构之间有着同样大的关联。今天，我们的生活中仍然有这项社会发明的残余。就像斯梅德利所写的那样，无论我们是否意识到，种族仍然“关乎谁应该获取利益、权力、地位和财富，以及谁不应该”[39]。

所以，正是通过博厄斯，现代美国人类学对种族的批判，及其对人类生物学和人类文化更加谨慎、细致、彻底的研究，才得以稳固下来。博厄斯除了在系统方法论和理论结构中建构了美国人类学，在公共舞台上也非常活跃。他的人类学研究促使他把对种族和种族主义政策的批判扩展到公共领域。他把自己所宣讲的观点付诸实践。作为杜波依斯的好友，博厄斯公开支持美国全国有色人种协进会（National Association for the Advancement of Colored People，简称“NAACP”）的成立，并在该组织的第一次大会上发言。[40] 采取这样公开的立场，当然招致来自人类学内外的许多批评，但这似乎并没有使博厄斯感到有什么不妥。

博厄斯任教于哥伦比亚大学，他收的学生是其他那些新兴人类学项目通常拒绝的人，即女性和所谓的有色人种。[41] 他的学生包括：佐拉·尼尔·赫斯顿（Zora Neale Hurston），她关于非裔美国人文献和民俗的研究，超越了他们所处的时代；埃拉·德洛里亚（Ella Deloria），她对美洲原住民的研究，现在仍在美洲印第安人研究项目中发挥作用；玛格丽特·米德（Margaret Mead），她对妇女及儿童所做的开创性研究，改变了美国人看待性别和青春期问题的方式。重要的是，这些学生，还有很多其他学生，都会坚持博厄斯的传统，即把行为建构在文化而不是生物属性上，批判种族，并且带着这样的知识参与更加广阔的公众事务——这一传统一直延续到当今人类学的大部分领域。（我将在下一章再次讲到这一点。）

29

● **此时此地的人类学**

人类学家至今仍在积极参与种族问题的大众教育工作。作为这个大型项目的一部分，美国人类学协会（American Anthropological Association）近年发起了一个巡展，主题为："种族：我们如此不同吗？"通过登录网站 www.understandingrace.org（访问日期为 2014 年 1 月 9 日），您可以观看虚拟展览，查看每一项展品，获取资源，以及探寻当前的研究。

故事对我们的启示：投身行动之中

每个故事的讲述都有其目的，无论这个目的是一目了然，还是表达得含蓄隐晦。在日常经验领域，我们从众多的遭遇中挑选出能够被回忆唤起的部分，并将其编成故事。人类学这一学科，采取的也是同样的方式。

人类学的经验和历史是纷繁复杂的、多声部的（包含多种声音）、多种多样的。关于它的故事，也是如此。除了博厄斯之外，还有很多其他人也帮助确立了美国人类学的核心原则，其中包括安特诺尔·菲尔曼（Anténor Firmin）、路易斯·亨利·摩尔根、詹姆斯·穆尼（James Mooney）和杜波依斯。[42] 正如人类学家李·D. 贝克所写："博厄斯的贡献意义重大，但他不是孤军奋战。" [43]

因此，我本可以选择讲述很多故事。在人类学领域，像博厄斯那样的故事已讲过一遍又一遍，因为这些故事对于今天的我们来说仍然有其意义所在。尽管我所讲的故事主要是关于人类学，但是我们所有人都能从中有所收获。它教给我们的最深刻的教训之一，就是种族问题。不幸的是，我们仍然生活在一个继续危险地把生物与行为等同起来的社会。尽管你我都生活在对种族的态度发生重要变化的时期，然而就在20世纪90年代，边缘的社会科学家通过大量的媒体报道而具有了合法地位，他们在已被广泛阅读的著作，如《钟形曲线》(*The Bell Curve*）中声称，黑人在智力上要劣于白人。你我都生活在这样一个时代：这些所谓的科学研究带有权威和权力，因为它们是作为"科学"而产生的，并在关于种族的讨论中被认定为合理的声音。甚至在今天，它们仍被用来证明种族主义的思想和实践是有道理的，一如社会达尔文主义曾被用来合理化欧美对非西方族群的统治。用康奈尔·韦斯特（Cornel West）的话来说，"种族仍然是个问题" [44]。

30

作为一个人类学家，我感到亟须大声讨伐这种研究及其言外之意的持续影响。但我认为，我们所有人都应站出来表示反对。博厄斯的故事，并不仅仅是一个学科走向成熟的故事。它向我们展示了一个强有力的斗争的隐喻——它是一个有关挑战现状，挺身而出反对不平等，并将知识应用于实践的故事。它不仅仅是博厄斯或人类学的故事，还是在我们自己国家的历史中上演了无数次的故事。重要的是，它应该已经足以向我们表明：知识是一个强有力的工具，它会造成影响人们生活的强大后果。社会达尔文主义者和博厄斯都用知识改变了人们对种族及其相互间差异的看法。但是最终，我愿意相信：寻求真理和智慧的严谨研究，必将获取胜利。这就是博厄斯故事的全部内涵。

第2章　人类学和文化 35

- 从生物到文化再到应用：人类学的分支领域
- 整体观和比较法
- 定义文化
- 研究文化
- 总结：从定义文化和研究文化中学到的

文化是模糊的而不是绝对的，是混乱的而不是和谐的，是动态的而不是停顿的，是普遍存在的而不是深不可解的，是复杂的而不是简单的。因为，人就是这样。

自从博厄斯去世以来，美国的人类学发生了很多变化，他的学生和同行们已经把人类学建设成了一个独立的专门学科。简单地说，正如你所料，人类的生物性和文化性，成为现代人类学在“二战”后许多年里的首要关注点，而且直到今天仍然如此。人类学现在主要是一门通过仔细对比研究生物和文化上的差异和相似点来理解人类的学科。今天，人类学家对国际和地方范围内的差异和相似点——包括其过去和现在——都有广泛的关注。

36　随着现代人类学在20世纪的繁荣，它开始发展出四大主要分支学科：**生物人类学**或**体质人类学**、**考古学**、**语言人类学**和**文化人类学**。尽管这些分支领域往往又细分为更小的分支，甚至小得没法再小的分支，但是每个领域在今天都关注人类经验中一个特定的组成部分。生物人类学或体质人类学主要关注人类的生物性，考古学以人类技术和物质文化为中心，语言人类学集中考察语言，文化人类学则重点研究文化。尽管本书主要关注文化，但我非常乐意在这里简要地概述一下人类学整个学科内部的研究情况。

从生物到文化再到应用：人类学的分支领域

让我们从体质人类学或生物人类学开始吧。这一领域主要关

35

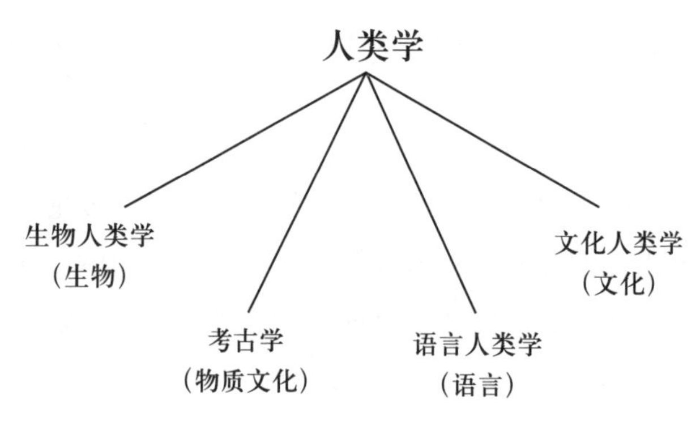

图2-1　人类学的四大分支

注人类的生物性。但是，生物人类学家会用非常宽泛的术语来界定人类的生物性：从种族的社会问题到人类群体的真实生物复杂性，从疾病到健康，从遗传特征到遗传学，从骨质结构到细胞结构——由此可见，生物人类学进行许多不同方面的研究。不过，一个将生物人类学统一的概念，就是生物变迁（或进化）。通过这一视角，生物人类学家试图去了解长期或短期内的生物变迁。他们的研究课题既包括人类的进化，也包括最近的流感病毒的进化。而且，他们还试图把人类的生物变异，放到包含所有动物变异在内的更大框架内去理解。对于解读我们如何与其他动物（比如与我们亲缘关系最近的黑猩猩和大猩猩）既相似又不同来说，人类在生物进化的总体格局中所处的位置，仍然是个重要问题。 36

考古学在研究方法上跟生物人类学有许多相似之处（比如考古发掘），但它有别于生物人类学研究的是，它主要关注人类技术或**物质文化**（即人类有意识制造的物品，或作为适应所处环境的工具，或作为对自身经验的重要表达）。简而言之，考古学中的关键概念是**人工制品**（artifact），也就是人类创造的物品。但其重点不像寻宝者可能那样专为收集人工制品。考古学家会把人工制品放在更大的社会背景中来推断和理解人类的行为。因此，从宗教到经济，从小村庄到大都市，从战争武器到艺术品和手工艺品，从农业的发展到文明的衰落，从人类对环境的开发到人类对环境的适应——考古学家将人工制品放在它们所处的更大的社会背景中，来揭示人类社会从古到今的秘密。 37

语言人类学只关注**语言**，因为语言在界定我们作为人类究竟是什么方面起着核心作用。在一般意义上，没有其他动物像人类一样要依赖语言生存。并且由于我们要使用语言来交流复杂的思想和概念，语言当然处于文化的中心。语言本身就是表达人类经验多样性的丰富资源。从更特殊的意义上讲，个体社会的集体经验，全都包含在语言之中。例如，英语中的“love”（爱）一词，在另一语言中就被译为“尊敬”。知道了这些，就可以帮助语言人类学家理解：不是所有人都用同样的方式来看待这个世界。许多语言学家都说，我们语言的多样性反映并塑造了我们的独特性。

38

有观点认为，语言不仅反映出我们的想法和行为，而且还会塑造它们。有时这也被称为萨丕尔－沃尔夫假说（Sapir-Whorf hypothesis），是理解文化群体间差异的重要概念。还是同样的例子，“爱”或“尊敬”或许表示相似的人类情感，只是它们在特定文化情境中的历史用法和发展过程能够帮助语言人类学家理解对某些感情的思考和反应是如何不同的。事实上这非常有趣。

由于语言可以指口头的和非口头的话语，语言学的核心概念就是**交流**：在人类学术语中，交流就是运用任意性的符号去传递意义。也就是说，某些声音或姿势本身没有内在意义，我们赋予它们意义，并通过它们来向他人传递意义。比如在美国，吃饭打嗝被视作一种非常粗鲁的不礼貌行为；显然，在其他一些国家，打嗝则是一种恭维。或者想想看，在大多数美国人看来，轻轻点头可能表示“是”；而同样是这个动作，或许在非英语人群看来，可能就没什么意义，他们用其他姿势、以非语言的形式来表达肯定的回应。实际上，这里所说的并非单纯是点头这一动作或打嗝

37

图 2-2　语言包含的内容远远多于说出口的东西。在同他人交流时，我们运用多种象征符号来传递意义，比如说声调、姿势和身体语言。许多语言人类学家因此都将语言看作一个同社会背景密不可分的交流过程。照片由丹尼・加沃夫斯基拍摄

38

这一声音本身，而是这一动作或声音背后的意义。因此，从声音和动作到语言谱系的组成，从文字的历史到它们的持续进化，从男人和女人的不同交流方式到权力结构如何通过口头语言来传递，语言人类学家致力于理解更大社会背景中——包括过去的和现在的——人类交流的复杂性。

最后，让我们来看看文化人类学。文化人类学常被称为**社会文化人类学**（sociocultural anthropology），它和人类语言学有着同样的关注点，即人类的交流。但是它的核心概念是文化，在范围

上要更广。虽然我们通常会认为，文化是群体或群体价值观与态度的同义词，但是在人类学的意义上，文化是一套共享和协调的意义系统，通过人们习得的知识而传达，并通过阐释经验和产生行为而付诸实践。[1] 这句话长而拗口，基于人类学对文化的几种不同定义和理解（可见本章的注释1），但别担心，很快你就会明白我的意思。我会在稍后进行更加深入的讲解。简单来说，文化是我们看待这个世界的镜头；与此同时，文化也造就了我们这个世界中的人类差异。使得美国社会区别于其他社会，如法国社会的，正是文化；使得对一个小镇的感觉不同于另一个的，也是文化；使得我的家庭不同于你的家庭的，还是文化。同样，我们也都拥有文化上的相似点，比如都面临围绕出生、婚姻、遗产或死亡的意义而产生的问题。这就是文化人类学的主题。

39

从性别角色到种族的文化建构，从音乐到暴力的社会建构，从政治到经济，从法律到自由的概念——文化人类学家通过研究文化，来理解它在我们的生活中所起的巨大作用。

生物人类学、考古学、语言人类学和文化人类学，组成了四个所谓的分支领域，现在一些人类学家又提出了人类学的第五个分支学科——**应用人类学**（applied anthropology，即人类学在人类问题上的应用）。与其他分支领域不同，应用人类学更像是一种应用于从生物人类学、考古学到语言人类学、文化人类学等所有人类学领域的视角、方法。从法医人类学家（例如应用生物人类学来解决谋杀案件），到文化资源管理考古学家（接受联邦和州政府的委托，运用考古研究为将来保存考古和历史记录），到医学人类学家（运用生物人类学、语言人类学和文化人类学解决健康问题），人类学在公共事务领域的工作，确实包含很多方面。

● 此时此地的人类学

法医人类学是一个成熟应用人类学知识处理人类问题的例子，人类学家在涉及人类遗骸鉴定的法律案例中可能会使用人类学知识。我们所知道的有关人类遗骸鉴定的大量信息都是在所谓尸研所（body farm）进行的研究的直接成果。尸研所是研究并记录人体腐烂过程的地方。最广为人知的地点之一是位于诺克斯维尔（Knoxville）的田纳西大学（University of Tennessee）法医人类学中心。您可以登录 fac.utk.edu（访问日期为 2014 年 1 月 9 日），进一步了解该中心及其仍在进行的有关人体腐烂的各项研究。

整体观和比较法

40

人类学家如何理解所有关于人类的各种信息？如果注意力只放在生物或文化一个方面的话，这难道不会导致我们对人类经验所有复杂性的了解不够完整吗？的确，如果不是在生物和文化的双重层面上去理解人类，博厄斯能够形成他对社会进化论和种族的批判性思考吗？

可以肯定的是，人类学是一个极其宽广而深邃的学科。但是，**整体观**（holism）和**比较法**（comparativism）这两个主要概念，却将各个分支领域连成了一个更大的整体。我们首先来看一下整体观。整体观是一种强调整体而非仅仅各个部分的视角。一般来说，整体观视角（holistic perspective，人们常常这样称呼），推进了对宏大场面的理解——仅仅关注细节，很容易失去对整体的把握。因此，在人类学中，整体观鼓励我们将人类看成一种生物和文化的双重存在，既生活在历史中又生活在当下。阐明存在于人类之间的一切关系，对于整体观尤其重要。

当然，整体观是人类学的固有特征。但是，作为这一领域理论和实践背后的一个重要概念，整体观提醒我们：无论我们是生物人类学家、考古学家、语言人类学家还是文化人类学家，人类学最终都是在人类的所有复杂性中去理解人类的存在状况。同样，人类学家也认识到，理解人类的这些复杂性有许多方式，比如从文学与艺术到科学与数学等。事实上，文学、艺术、科学和数学，每一个都是独特的领域，引导我们以一种特有的方式去理解人类。将它们融合到一起，可以使我们对整体有一个更加全面的理解。

因此，人类学仍然深受自然科学（生物学、物理学、化学）的影响，也受人文学科（历史、文学、音乐）的影响。例如，生物人类学和考古人类学极其倚重自然科学方法，语言人类学和文化人类学则依赖阐释方法（这在历史和文学研究中也非常普遍）。因此，有的人类学家会把自己看成科学家，有的人类学家则会把自己当成工匠，或者两者兼有。然而，不管个别人类学家的方法或兴趣是怎样的，大多数人类学家都承认，最终这些都是更大的学科计划的一部分。事实上，人类学要比自然科学或人文科学广阔得多。

41

虽然整体观是人类学的哲学根基，但一种具有广阔基础的方法，即比较法，则使整体观视角成为可能。简单说，比较法就是在人类所有的生物和文化复杂性中，寻找他们之间及其内部的相似点和差异性。在某些层面上，我们一直都在这么做。我们经常比较自己和他者、其他宗教，或者其他生活方式；最终，我们了解到自己和他人有着怎样的相似点和不同之处。但在人类学中，比较法是分析来自许多不同人群、涉及所有（生物和文化基础上的）分支领域的资料，从中概括出人类的复杂性。因此，在人类学中，进行“比较”就是为了理解人类生活发展到现在的一般趋势，其内容包括从进化到语言再到社会。没有比较，我们就会迷失在无数的细节中。最终，比较法是使得整体观变得可行的方法。[2]

人类学、人类学的分支领域、应用人类学、整体观、比较法，我知道，这些内容有很多需要思考的地方。但是它们到底意味着什么呢？这些概念都很重要，因为它们构成了人类学家用来批判那些对人类多样性抱有过分简单化想法的概念工具；这一批判由一些人类学家（如博厄斯）发起，并被其后的一代代人类学家所采用。人类学、人类学的分支领域、应用人类学、整体观、比较法由此成为人类学的核心概念，人类学家利用这些概念来构建一种更加复杂的对人类生物性与人类文化的理解。

定义文化

所以从人类学的角度来说，什么是文化？在人类学家看来，文化具有与英语中每天用到的“culture”这一单词不同的意义。一提到文化，我们的脑海里马上就会浮现出许多东西，可能还会包括多种传统、习俗、信仰、仪式、食物或人们的穿着类型。

这一文化观念，比较接近早期人类学家使用的文化定义。它是由英国早期人类学家爱德华·伯内特·泰勒（Edward Burnett Tylor）在1871年给出的。泰勒写道：“文化……就其宽泛的民族学意义来讲，是一个复杂的总体，它包括知识、信仰、艺术、道德、法律、习俗，以及作为一名社会成员的人所习得的其他一切能力和习惯。”[3] 在泰勒看来，人类社会的不同，可以看成它们在习俗、道德或信仰上的不同。尽管泰勒提出自己的文化定义，是为了详细阐述社会进化的不同阶段（例如，他将“文化”等同于“文明”），但他的定义也很早就暗示了行为、知识、习俗或习惯基本上都是习得的，而不是我们生物属性中天生就有的。

42

图2-3　爱德华·伯内特·泰勒

有了博厄斯和现代人类学，泰勒的文化定义在社会进化的框架之外有了新的含义，这个含义接近于今天英语中的“culture”

的意义。人类学家使用这一定义有很多年的历史；直到20世纪五六十年代的入门教科书中仍极其常见，甚至是今天的一些书也仍在使用。之所以如此，有充分的理由。可以肯定的是，我们能意识到古希腊人（常埋葬他们的死者）和古帕西人（ancient Parsees，南亚民族，他们将死者暴露在自然环境中）之间的不同，或者贝都因人（Bedouin，中东民族，男人可以有多个妻子）和帕哈里人（Pahari，尼泊尔西北部民族，那里的女人可以有多个丈夫）之间的不同，或者是南方浸信会教友（Southern Baptists，大多居住在美国南部，常鼓励为“未获拯救的人”做见证）和原始浸信会教友（Primitive Baptists，也大多居住在美国南部，但是常常不鼓励为“未获拯救的人”做见证）之间的不同，以及诸如此类的例子。我们可以说，这些看得见的差别，都根源于文化上的差异。

不过，泰勒对文化的定义，比较强调事物（things）和表达（expressions）。也就是说，无论我们识别不同的丧葬习俗、婚姻实践还是信仰，我们都是在识别文化的副产品或创造物，而不是文化本身。正是在这里，问题开始变得复杂起来。

一位上了岁数的佛教徒提醒我们，“指向月亮的手指不是月亮”。这一说法用在这里非常贴切。这意味着，我们不应该傻傻地认为送信者就是信，或者达成结果的方法就是结果本身。同样，我们也不应该傻到认为文化的副产品或创造物就是文化本身。相反，它们为我们指示了更深层的人类意义。对许多人类学家来说，文化是隐含在人类创造的事物背后的意义。道德、信仰、习俗或法律都是“事物”，人类赋予这些事物的是“意义”。例如，美国国旗不是美国文化，但是它带有的意义却是；也就是说，美国国旗为我们指向了关涉其对于美国人的意义的更深入讨论。当然，这也是一件人们再三争论的事情。问题的关键之处在于，美国文化不是一成不变的，它并不是某个或者某些事物，而是一个由人们创造并维持的复杂的意义系统。这一表述同样适用于由为经验赋予意义并相互交流的人们所组成的所有系统或网络。

43

让我们回到之前给出的文化定义，更加简明扼要地总结一下。在人类学的意义上，文化是一个共享并相互协调的意义系统，通过人们习得的知识而传达，并通过阐释经验和产生行为而付诸实践。在这一点上，我愿意关注这一定义的各个不同部分，来详细阐述我这句话的含义。先从一个共享并相互协调的意义系统开始吧。

作为一个共享并相互协调的意义系统的文化

首先，系统指的是一组相互作用和相互关联的部分，它们在互相联系中发挥作用。谈及文化，这些部分（当然）就是人。然而，要使这些作为部分的人互相关联成一个有意义的系统，就必须有一个广泛共享的（不一定完全一致的）意义基础。只要是人们能相互交流并协调这些意义的地方，文化就在发挥作用。例如，当我们谈到美国文化时，我们其实在说一个由在特定范围内享有共同经验、互相作用的人们所组成的系统。当然，这一经验可以是多种多样的。由此，在美国社会（也可说是“系统”）环境下，不同的人在许多不同的层面和背景中相互交流，他们在不同程度上交流和协商美国经验，进而造就了美国文化。我们可以说，这也同样是日本文化、纽约文化甚至“大学文化”的运行方式。相反，我们也可以说，相互关联的部分，即那些人，并不是文化。从广义上来说，这些互相关联的部分是人类社会，它们作为文化的必要条件，孕育了多种“意义系统”。

然而，这并不是说，这些我们称之为“文化”的多种意义系统，一定拥有清晰的边界，就如同地理边界或政治边界。事

44

图 2-4 尽管像美国国旗［图中背景为印第安纳州埃文斯维尔（Evansville）的一家西班牙夜总会］这样一个象征符号代表了美国，它却无法描绘出美国文化内部的多元表现。事实上，这一符号对于不同的人而言有着不同的含义。照片由丹尼·加沃夫斯基拍摄

实上，它们是互相重叠、互相交叉和互相竞争的。因此，最好是将文化理解成一个过程。人作为组成系统的部分，并不是木偶或简笔人物画；人，比如你和我，一直都在同自己和他人协调意义。日新月异的互联网文化，就是一个很好的例子（也是对文化的很好类比）。

因此，正如我们可以讨论美国文化、日本文化、大学文化或网络文化，我们也可以讨论像家庭文化这样特殊的文化。尽管生活在巴西和韩国的家庭之间存在明显的文化差异，但即便是同一社会**内部**的不同家庭，也有着它们各自的意义系统，使得它们具有区别于其他家庭的独特性。比如说我的家庭，晚餐时间谈天的一个重要部分一直是讲故事，并且常常一讲就是好几个小时。我的父母小的时候都是农民，这种晚餐时的交谈在他们的儿童时期非常重要，因此他们在离开农场后仍然保留了这一传统。当然，讲故事并非什么不寻常的事，然而我们讲述的故事，却和我们所有人拥有的特定经验，和我们每次吃晚餐时（尤其是我们谈论到故事的细节和含义的时候）都在建构和重构的一套意义系统紧密相关。今天，当我们聚在一起时，这些故事以多种方式塑造了我们自身；它们是我们的集体记忆，或者从人类学意义上来说，是我们集体的（经过协调、争论和竞争的）意义系统。一言以蔽之，这是我们的文化。

正如我们可以讨论家庭文化这样熟悉的事物，也可以聊聊那些不太熟悉的文化。以改装车竞赛（stock car racing）文化这种特殊而奇异的文化为例。是的，改装车竞赛文化。这是一个我不那么理解的文化。尽管曾有亲戚向我解释过不下一百遍，我却始终不能完全理解为什么人们会那么起劲地看着赛车围着赛道绕来绕去。现在你该明白我说的意思了吧，这对我没有意义，尽管如此，它却仍是一种文化。改装车竞赛具有一个共享和互相协调的意义系统。我不太确定它到底是什么，但是它的确存在。

顺便提一下，我也曾就撞车大赛（demolition derbies）讲过同样的话。我一直不能理解为什么人们会想要看到驾驶员破坏他们的汽车，直到我亲眼观看过一场美国中西部乡村的撞车比赛（其中还有**联合收割机**撞车比赛）。我甚至无法把自己的眼睛从赛事上移开。在观看那些老旧的汽车——然后是那些老旧的联合收割机——互相毁灭的背后，一定隐藏着某些东西……又一次，我无

图 2-5　美国中西部乡村的联合收割机撞车大赛。照片由作者本人拍摄

法确定这里面共享的意义是什么，但是它们的确存在，撞车比赛文化也是这样。

46　所有这些例子都是为了说明，文化作为一个共享和相互协调的意义系统，存在于我们生活中的各个方面。无论我们谈论的是家庭、美国国旗、大学，还是汽车（不管是飞速行驶的还是被毁坏的），每个都含有一个意义系统。人类学家研究文化的目的，就在于揭示诸如撞车大赛背后隐含的共享和协调的意义系统。但也正如我已经提到的那样，人类学家也试图理解某一意义系统和其他意义系统的共存。事实上，作为人类，我们每天常常甚至连想都不用想就出入于大量这样的意义系统之中。当我们谈论家庭、改装车竞赛或者撞车比赛文化时，它们存在于一个更大的美国文化之中，而后者则同样存在于一个更大的世界文化之内。

通过知识而传达的文化

每个这样的系统都是通过知识而传达的。从广义上讲，知识是学习和发现的过程，知识是从经验中获得的理解，知识是在头脑中确切地领会一些事情。但从狭义上来讲（还是在我这里讨论的文化定义的语境中），知识存在于任何共享和协调文化的人的头脑中。例如在家庭里，我们分享、交流和协商关于“作为”父母、“作为”孩子或是“作为”兄弟姐妹的知识。它在我们的头脑中。我们运用这一知识来阐释每个家庭经验，并做出在这一背景下可为人接受的行为。当然，我们将这一知识同更大更广阔的复杂知识相结合，以利于我们在自身家庭文化之外的其他多种意义系统中进行互动。

再举一个例子，当说起某种特定的语言时，我们使用复杂的知识来发出和解释声音，来书写和解释那些我们称之为字母、单词、句子和段落的符号。我们使用相同范围的知识将词语放在规定的语法和句法中，并创造和重新创造新的声音、词语和表达。比如，"*hello*"一词显然是同电话一起创造出来的。电话之父亚历山大·格拉汉姆·贝尔（Alexander Graham Bell）建议人们用"*Ahoy*！"来接电话，但后来却是大发明家托马斯·爱迪生（Thomas Edison）提出的"*hello*"一词流行开来。今天，我们不仅用它接电话，还用来在日常交流中见面打招呼。[4]

47

是的，这里就有我们所说的文化——一个通过共享的知识而传达的意义系统，每当我们打电话时都会用到这些知识。当然，我们在运用过程中是不假思索的。事实上，我们都是文化存在。在我们的脑海中，文化知识既是无意识的，又是有意识的。一方面，我们拥有和使用的大量知识都是含蓄的、无法言说的；人们通常察觉不到它们的存在，也不会用言说的方式来交流它们。语言的规则就是一个很棒的例子。当我们使用"*hello*"一词来接电话时，我们不会想这个词来自哪儿、是什么意思，只是认为理应如此。另一方面，我们的许多文化知识又明显存在于意识层面：它们是人们通常都会意识到并能谈论的共享知识。对此，文化传统或规范都是很好的例子。例如，当参加一个正式宴会时，我们会清醒地了解并谈论到这种场合是不适合以短裤和T恤衫的打扮出席的。（"你不会就穿这身儿去吧?"要是我那样打扮的话，我的妻子就会这样问我。）

当然，有意识的知识和无意识的知识是共同作用的，它们代表着同一连续统的两个相反的极端。也就是说，我们认为理所当然的东西可以并且可能进入有意识知识的领域，反之亦然。某一时期，人们非常在意新兴的电话用语“*hello*”，并会同他人谈论这一词的使用。但是随着时间的流逝，它慢慢进入了人们无意识知识的领域。今天，人们在电话中或见面时说声“*hello*”，就像它一直都存在一样。

习得的文化

理解了意义系统是由知识传达的，我们还必须认识到这一知识最初是习得的。学习一些东西，从字面意义上来说，就是指获得知识。就文化而言，学习的过程一定意味着文化知识大都不是通过遗传获得，或者存在于我们的生物属性中。这一点很重要——我们并不是**天生**就有文化，而是习得了文化。例如，尽管所有人类都有生物属性上的语言能力，我们所讲的大量各异的语言则是在经验、学习、实践和试错中习得的。这就是学习的真谛，也是所有文化的共性。因此，尽管不可能所有人使用同样的语言，我们却共享了语言学习的过程。

48

甚至是我们共有的人类生物属性，也都受到那些我们强加在生物属性上的文化知识的影响。在美国，我们倾向于在所谓的种族群体内部通婚，从而繁殖出特定可见的特征，例如肤色。我们也学着将自己视为有相应行为的种族群体的一部分，学习认识并复制这些种族群体间的界线，了解那些界定了我们对自身和其他种族群体行为的阐释的看法。

关于我们如何学会将文化知识强加到生物特性上，另一个具有说服力的例子就是吃。所有人都要面对吃食物来为身体提供营养的生理需要。但是，什么时候吃（诸如斋月时日落之后），或怎么吃（诸如美国很多地区的晚餐交谈的习惯，或者一些美洲原住民社群用餐时保持安静的习惯），或者我们吃什么（奶酪还是虫子），每个问题都跟我们在有限的经验中习得的知识有着紧密的联系。甚至某种食品或饮料尝起来是好是坏的想法，也都是后天获得的：尽管品尝味道本身是种生物反应，但我们的思维则会学着以某种方式定位生物反应，将舒适或不舒适的感觉与特定的食物或饮料联系起来。

我们还以同样的方式学着塑造基本的生理需求，以及我们对周围世界的看法。道德或我们判断对错的方法就是一个例子。我们习得了，以埋葬的方式来处理我们的死者是正确而适当的；或者我们习得了，就像在一些古老文化的习俗中那样，吃掉我们的死者，让他们重新融入我们的身体，是正确而合适的事情。我们习得了，只拥有一个配偶在道德上是正确的；或者我们习得了，就像在一些群体的习俗中那样，将你的配偶的未婚兄弟/姐妹也作为配偶，是对的，同时也是责任。我们习得了，杀死另一个人在道德上是错误的；或者我们习得了，在战争中杀死另一个人是可以接受的。

所有这些习得的过程，无论其形式如何，都必须在一个意义系统内进行。因为我们是向他人学习，所以学习是人们一直在实践的积极的社会过程。人类学家通常称学习文化的过程为**濡化**（enculturation）。濡化常指将文化知识传递给孩子，但它是一个不断进行的过程；事实上，它贯穿了我们一生。比如，直到近些年，包括大人和孩子在内，都学会了如何使用电脑；我们的社会现在都认为这是一件最基本的事情，以至于我们很难想象：如果49没有电脑，我们的生活会是什么样。当学习什么是酷、什么不是的时候，我们就正在被濡化。我们在学习一门新语言的语法和含义时，同样处在濡化中。实际上，你现在也正在被濡化，因为我正在将人类学的知识传递给你。

图 2-6　濡化是一个难以置信的强大过程。照片由丹尼·加沃夫斯基拍摄

作为实践的文化

为了让“文化”，即共享和协调的意义系统运作起来，人们必须将这一习得的知识付诸实践。我们通过在日常社会互动中阐释我们自己和他者的经验，来将这一知识付诸实践；反过来，我们也用它来塑造我们的行动（例如产生行为）。这句话仍然不好理解吗？那么我们就先从这一等式的经验部分开始吧。

每种人类生活都是由经验组成的；事实上，我们无时无刻不在同我们周围的世界相遇，它们引领着我们从生到死。这些与自然和文化环境的相遇，就是我们所说的经验。这些经验不完全是纯粹的遇见——换句话说，它们不是在真空环境下发生的。从我们来到这个世界上起，所有新经验都是通过以往经验的视角被观察到的。并且，那些以往的经验有助于决定新经验将会以什么方式被塑造、解释和理解。[5] 例如，当我第一次去看撞车大赛时，我是带着偏见和臆断接近它的。在那之前，我只在电视里见到和体验过它。当我隔着电视屏幕来看时，我觉得它似乎是不负责任且无所顾忌的。你要知道，我是在南方浸信会“俭以防匮”的教导下长大的，依照这一观念，这种为了取乐而毁坏东西的行为，已经不仅仅是浪费，更是一种罪过。尽管我自青少年时期以来就不认为自己是一个浸信会教徒，可是被当作教徒抚养的经历，也影响到我见到毁坏机器时的反应，无论我自己心底是否喜欢这样。但是，亲眼看到破坏的第一手经验，却把我的态度从评判转变为好奇。那一经验促使我去重新思考自己如何看待

50

比赛。现在，当我遇到撞车比赛时，我会以新的方式去看待它。我很难说自己能够完全理解它，但是我已经能从一个不同的角度去欣赏它。

● **此时此地的人类学**

当然，YouTube就好像一个经验的存储库，世界各地的人们都在那里分享和沟通日常生活中的意义。不断发展的YouTube文化是一位被美国《连线》（*Wired*）杂志称为“解释者”的人类学家的研究课题之一。这位人类学家就是迈克尔·威舍［Michael Wesch，堪萨斯州立大学（Kansas State University）］，他自己也有一些获奖的知名YouTube视频。可查看他的网页www.michaelwesch.com（访问时间为2014年1月9日）。

这是一个简单的例子，我之所以在这里提到它，是为了指出：我们关于周围世界的大量知识都是来自我们的经验。然后，我们就会运用知识，无论是有意识学到还是无意识获得的，来解释随后遇到的经验。此外，这些新经验的构建不仅来自我们自身已有的经验，也来自我们所置身的特定群体的更广阔的经验（或者，简单说就是历史）。好好想想这一点。在我们共享的这一庞大的意义系统中，我们的个人经验同他者的个人经验又在更大的意义系统中互相交织；这个更大的意义系统在日常社会交往中产生，当然，日常的社会交往发生在大量不同的层面。[6]

51

在这一文化定义的语境中，“阐释经验”指的不仅是我们在一个特定文化之中阐释自身经验的方式，也包括我们如何遇到和体验他者。比如，当我们认为吃虫子是令人作呕的，与多个配偶结婚是错误的，或者像撞车大赛那样的破坏活动是有罪的，我们就是在通过自身特定群体的濡化，从自我经验的视角看待这些文化实践。而这恰好正是文化发挥作用的方式：我们学习和分享知识，并用它们来解释自己和他者的经验。（稍后我会回到这一主题。）

现在，我们再来看一下行为。在我的文化定义语境中，**行为**指的是以一种特定的方式行动或为人处世。当然，知识可以塑造那些行动；但是事情并不仅是这样，我们的意义系统会通过行为得以展示、具象和实践，我们自身也是通过行为同社会背景下的他者相互协商。当我们拿起电话跟电话那头的人说“hello”时，我们就把一个特殊的意义系统转变成了行动；也就是说，我们在实践我们头脑中的知识。当我们遵从一种特定的方式处理逝者的遗体时，我们（生者）就正在展示意义系统，将它从我们的脑子里延伸到身体的行动中，一次又一次、世世代代地塑造和再塑这个过程。

我当然是在更广阔的意义上使用“行为”这个词，而非仅指对刺激的简单反应。谈到文化的人类学概念时，行为指的是在更广范围内的行动和实践。事实上，是行为令经验变得真实，它将文化塑造成世界上多种多样的人类行为。

因为所有的人类行为都存在于一个更大的意义系统中，特定人类行动自身不带有任何意义。行为总是在特定背景下产生。人类学家詹姆斯·P. 斯普拉德利（James P. Spradley）和戴维·麦柯迪（David McCurdy）这样写道："文化是……一个知识系统，人们通过它设计自己的行动，并解释他者的行为。它告诉一个美国人，闭着嘴嚼东西是得体的；而一个来自南亚的印度人则会认为，一个人必须张着嘴咀嚼才算有礼貌。没有什么预先注定的文化类别，它们都是任意的。同样的行为在不同的文化中具有不同的含义。比如说，青春期的印度男孩手拉手走在一起表示友谊，但在美国人那里，这样做却可能暗示两人是同性恋。"[7]

读着斯普拉德利和麦柯迪的文字，我又想起了其他一些例子。在美国，当我们双手十指交握紧挨头部，常常在表达期望。然而在新几内亚的部分高地地区，同样是这个动作，表示的意思却完全不同：它是一个具有性暗示的侮辱性动作。[8] 对于许多美国人来说，和人交谈时直视对方的眼睛表示我们在认真倾听，这是可取的礼貌之举。谈话时眼望别处，可能表明你想要掩饰什么。但在一些美洲原住民社群中，谈话时直视对方的双眼，则被认为是一种无礼的行为。

这些简明的例子，解释了行动和实践怎样在不同的社会背景下及不同的意义系统中，有着不同的含义。究其因，并不是行动本身具有意义，而是行动发生所处的背景。这也正是**任意**一词的含义所在。这里我再次申明一下重点，**人类行为本身不带有任何意义**。任何特定的人类行动，都是在更大的意义系统中存在的，我们称这些更大的意义系统为"文化"。

我在上文举了一些五花八门的例子，说明文化意义上的行为意味着特质或模式的复合体，它们在特定社会或文化中不断重复，比如审美、价值观、信仰、传统和习俗等泰勒最初确定为文化本身的“事物”。这里我们绕了一圈，从启发我对文化进行探讨的那个点出发，却最终到达了一个不同的地方。当泰勒所说的“事物”是文化产品时，它们并不仅仅是事物本身。因为人们赋予这些事物以意义，并跨越时空反复诠释它们，它们既能反映文化也能塑造文化。例如，我们不妨看看电影和电视产业，它们非常喜欢宣称它们的媒体仅仅（和只是）“反映”了美国文化。坦白地讲，这完全是胡说。在当今世界，各家公司之所以舍得花上数百万美元用于广告竞争，是因为它们明白，广告影响着人们的购买行为；电影和电视产生的表达，也对我们的生活状况有着巨大的影响。从我们如何记忆过去（回想那些你看着长大的二战题材影片），到我们界定他人并产生刻板印象的方式（回想一下所有那些关于“印第安人”的电影），到我们对富人和名人的崇拜和效仿（回想一下所有那些脱口秀节目）——一次又一次地，我们将这些表达整合进自身经过协调的意义系统。[9] 事实上，就像任何文化一样，美国的文化产品也不仅仅是事物本身。电影和电视产业仅仅是一个例子。我们所有人都是一出生便在适应前面已经存在的诸如审美、价值观、信仰、传统和习俗等特质组成的复合体，这些反过来又促使我们以特殊指定的方式去表现、思考和行动。一句话，这些特质的复合体可以带来**权力**（power）：这是一个影响深远的过程（能够以直接或间接的、隐含或外显的方式表现出

53

图 2-7　人类行为本身并没有意义。任何具体的人类行动都存在于我们称之为文化的更大的意义系统之中。图片由丹尼·加沃夫斯基拍摄

来），影响着我们如何学习以及学习什么，我们用来解释经验并产生行为的知识，甚至我们如何同他人互动。仅仅我们是如何将这些特质的复合体融入我们每个人的生活，并协调个体的意义与更大的复杂文化系统，就是一个许多人类学家怀有浓厚兴趣的问题。[10]

54　现在，你应该能更充分地理解什么是人类学意义上的文化。文化的确包含人类创造的那些事物（如泰勒的文化定义中提到的），但是最终，这些事物或创造物，都表达了一个共享并相互协调的意义系统，这一系统通过人们习得的知识而传达，并通过阐释经验和产生行为而付诸实践。这一文化定义应该更容易理解。你仍然很难说出文化是什么吗？你是否有那种不舒服的感觉，觉

得文化可能是凌乱而难以把握的？恭喜你！你已经领会什么是文化了。文化是模糊的而不是绝对的，是混乱的而不是和谐的，是动态的而不是停顿的，是普遍存在的而不是深不可解的，是复杂的而不是简单的。因为，人就是这样。

研究文化

考虑到文化是模糊的、混乱的、动态的、普遍存在的以及复杂的，在这种情况下，人类学家又该如何真正理解他们知道的关于文化的内容？在文化所有的复杂性中，人类学家用什么样的概念工具来理解“文化”这一概念？更重要的是，我们需要什么样的概念工具来体会文化在人类生活中的力量？

首先，文化、整体观、比较法的概念共同发挥作用。你会记得整体观是一种强调整体而非部分的视角。研究文化时，整体观强调，我们应当理解文化的各个部分是如何共同作用，从而创造出一个更大的意义系统的。以社会的历史、政治和经济之间的相互关系为例。我们很难在不了解其他部分的前提下了解其中一个部分，就像我们如果不知道政治和经济，也不会了解历史。这就是整体观，简单明了。在文化研究中，如果只关注经济，就会忽略更大的模式。人类学家詹姆斯·L.皮考克（James L. Peacock）这样说道：“整体性思考就是把部分看成整体，就是试图把握人们的行动和经验所处的更大的背景和框架。文化就是这样一个框架。人类学不仅关注对人类在社会和自然中的位置的整体分析，而且尤其关注人类为了使他们的生活有意义而建构文化框架的方式。”[11]

55 以对美国文化的研究为例。为了理解这个复杂的系统，我们要考察这个民族国家的历史和发展状况、经济和政治，还有独特的传统、价值观或习俗，以及这些要素如何相互作用形成一个系统，这个系统当然也包含美国人民自己。如果我们想要了解美国文化的一小部分，比如说宗教，我们需要了解美国所有的宗教信仰构成——从天主教到基督新教，从伊斯兰教到犹太教，从原教旨主义（fundamentalism）到无神论，都包括在内。我们也需要考虑宗教信仰在这一国家是如何协调的，它对美国身份的深层意义，以及它如何渗透到美国经验的其他领域，比如政治。进一步讲，即使我们只想重点关注美国某种特定的宗教文化，甚或是某个特定教派的文化，我们都必须把每个部分以及它同系统内其他部分的互动情况考虑在内。

这里还有另外一个例子。我在上大学本科时，对**民族音乐学**（ethnomusicology）很感兴趣，民族音乐学是一个结合音乐学和人类学的层面来理解跨文化中音乐的角色和意义的研究领域。然而，民族音乐学者不仅仅研究音乐。作为一个群体，民族音乐学家试图从整体上理解人类在音乐上存在的更大复杂性，这一点在文化上是共同的；也就是说，所有人类群体都实践着这种从其口语中分离出来的、英语称为“music”的表达方式。民族音乐学家（及研究音乐的其他社会科学家）试图理解，在每个案例中，音乐这种表达方式如何渗透到人类活动和意义的其他领域。他们的确是这么做的，因为音乐一直以来就是这样发生的。

音乐一次又一次地呈现并塑造着国家、地区或者民族身份的深层含义（想想现代民族国家的国歌）；音乐可以体现并促进团结［想想民权运动中《我们要战胜一切》（“We Shall Overcome”）这首歌的运用］；音乐可以体现并影响政治议程（想想美国大选中流行音乐的使用）；音乐可以表达和塑造抗议和叛逆（想想20世纪七八十年代的朋克音乐）；音乐可以表现和形成宗教信仰（想想几乎任何宗教传统都会使用音乐）；音乐也可以表现并促进商品销售（想想广告音乐）；音乐还能表达和激发人类情感（例如在电影和电视产业中音乐的使用）；音乐甚至也可以表现并形成我们对自身的看法（回想一下你收听的电台音乐或者你的音乐收藏）。在每个例子中，如果只关注音乐的声音本身，我们将体会不到它在人类生活和意义的其他领域中的重要性和力量。为了理解音乐，我们接下来必须了解音乐能够表现并塑造人类行为的更大背景。 56

寻找部分之间的联系就是整体观。但是显而易见，整体观是一个在许多方面都难以达到的目标。它似乎让人无所适从，尤其是当我们想到几乎每个人类系统都是另一个更大系统的一部分，而这个更大的系统又是比它还要大的系统的一部分的时候。我们可以很好地把音乐研究或美国文化研究放到无限大。怀着这样的想法，你或许会问：我们能把握文化的整体性吗？我们能理解像美国文化或世界文化这样复杂的系统的每个组成部分吗？事实上，即使我们想要理解单一个体间的所有微小差异，都是几乎不可能的事，那么我们又如何能假定我们可以了解一个完整的群体或社会这么大的事物呢？人类学家詹姆斯·L.皮考克回答道："整体观是一个重要但却无法实现的理想。你不可能看到所有地方或想到所有一切。你必须选择和强调某些东西。为了做到这一点，你必须进行分类并做出区别。只有采取这种方式，你才能进行分析和理解。"[12]

因此，人类学家在研究文化时，一方面会努力遵循整体观原则，并为实现整体观而努力；另一方面也意识到，最终的研究必须关注部分，相较于其他部分，某些部分为我们指明了理解人类更广阔议题的方向。所以，人类学家常常通过研究某个特定教派，来为理解宗教在人类生活中所起的作用提供参考；或者研究某种音乐，以此了解音乐在特定社会中的作用；又或者研究乡村中的一小群妇女，来理解人类生活中更大的性别问题。无论何种情况，单个研究都会与其他人类学研究产生对话，当综合在一起时，就会分别提供我们对宗教、音乐或性别的理解。

这些研究中的每一个都聚焦于特定的领域，都将我们引向了整体观，从而使我们对文化有了更深层次的了解。但也正如那句格言所说，"指向月亮的手指不是月亮"，我们意识到了它的不完整性，我们总是处在理解文化的过程之中。

57

● 此时此地的人类学

人类学家或许会通过研究特殊个案来洞察更大的人类议题。以文化人类学家西莱斯特·雷［来自南方大学（University of the South）］对于爱尔兰圣井的研究为例。圣井指的是与医治某种疾病有关的圣泉或水眼，常常被奉献给非官方的爱尔兰圣徒，其中大多数是当地圣女。雷认为，井边的仪式能够传达给我们一些信息，不只是关乎爱尔兰人的宗教实践，也包括地方和地区信仰与实践处在国际上广泛接受的信仰夹缝中的忍耐力。你可以从《国家地理》（*National Geographic*）杂志上获得更多雷的研究信息（包含一段对雷的录音采访），请登录 newswatch.nationalgeographic.com/tag/celeste-ray（访问时间为 2014 年 1 月 9 日）。

但这并不意味着，人类学家或是任何人都绝对不会获得对文化的清晰了解。就像詹姆斯 · L. 皮考克说的："文化不是物质的东西，而是一种态度，是一种看世界的视角。我们能够描绘出特定文化模式的迹象——例如，人们或急走或闲站的状态，可以作为了解他们时间概念的线索——但是文化本身是我们在这些迹象基础上的抽象概括。只要我们认出它是什么，就可以很好地得到一个抽象的概念。"[13]

通过这种方式，整体观令我们回忆起：文化的概念正是一个抽象的提炼；正如我已经确定的，它不是一个事物。因此，皮考克恳请我们记住，文化尽管是一种提炼，"但是也在经验中具备真实和力量"[14]。这就是为何人类学家常在个人层面上去关注特殊性、小社区或者小群体，因为这些对象都是文化被具象、展示、

图2-8 菲利普·布儒瓦

体验并协调的地方。[15]

例如，人类学家菲利普·布儒瓦（Philippe Bourgois）与纽约哈莱姆东区（East Harlem）黑人住宅区二十多个毒贩一起生活，并研究了他们五年时间。通过研究小社区中极少数人的特殊性，布儒瓦能够帮助我们理解全球经济模式如何同地下经济中这些吸毒者和毒贩的生活发生关联，使用暴力如何对非法毒品

交易的成功具有重要意义，以及毒贩如何回应并塑造更大的毒品市场。阅读布儒瓦的著作时，我们了解到这些吸毒者和毒贩是一个更大的非法毒品使用和交易文化中极小的组成部分。我们还认识到，布儒瓦的研究确实为我们指明了了解非法毒品使用和交易的更广大文化的方向。[16] 每项人类学研究都是如此，尽管考察的是一个特定的部分，指向的却是更广的议题。

接下来我们该讨论一下比较法。为了能使部分在更广泛的文化对话中具有相关性，我们必须进行比较。回想一下人类学的一般研究，比较法意味着，在人类所有生物和文化的复杂性中，寻找他们之间及其内部的相似点和不同点。在对文化的研究中，这一方法主要是比较全世界存在的多种文化描述，以此来归纳总结人类是什么，以及文化在人类生活中的作用如何。在文化研究中，这一比较视角被称为**民族学**（ethnology，有时被等同于文化人类学）。因此，人类学家在研究某个单一文化，例如日本社会的家庭或美国南方的新教教堂的时候，他们的最终目的都是提出对更大的文化问题的更深入看法。这些问题可能包含种族和民族，宗教，政治和经济，亲属关系、婚姻和家庭，生态，性别，或暴力、冲突以及和平的本质。对这些问题的理解，又可帮助解答以下问题：为什么人与人是不同的？我们通过研究广泛的文化，能够从他者和自身学到什么？为何我们在所有社会都能找到某些普遍性，比如宗教、音乐或者乱伦禁忌？为什么到处都有婚姻？人们为何会一再地建立社会等级制度，比如在富人和穷人之间？通过民族学的框架来探索这些问题，就是要把我们知道的关于文化的所有内容都考虑在内。

这就意味着，在文化研究中，特殊性总是在与普遍性做斗争，反之亦然。一方面，我们会强调文化在群体间是如何不同，但重要的是明白所有文化都具有相似点（比如食物需求所导致的共同问题）。另一方面，我们则可能会认为所有文化都有共同的元素，但是重要的是明白文化也有独特的属性（例如人们界定“好的”与“坏的”食物的方式）。因此，为了既特殊又普遍地去理解文化，我们必须努力把文化放在它所有的复杂性中去思考。我们力争在更大的文化背景中观察部分（整体观），同时，我们努力理解文化在人们生活中的复杂作用，而不忽视它在人类经验中的特殊表现（民族学）。

59

说到这里，我想起了我之前在文化定义中对经验的作用及其局限性的讨论。整体观和民族学是难以从一开始就认识到的，因为人们通常都会基于自身经验而做出总结和比较。他们常会看到想要看到的部分和联系。德国哲学家叔本华说："每个人都因为自身视野的局限而看到有限的世界。"事情的确是这样，世界上有许多人都过于相信自己的宗教才是正确的宗教，或者他们说其他人的音乐听起来都很相似，又或者他们认为所有人本质上是相同的，或是走向另一个极端，认为他们自己独一无二。在结束文化的话题之前，我们还要再审视两个概念：民族中心主义（ethnocentrism）和文化相对论。如果能完全理解和适当平衡这两个概念，整体观和民族学就将成为可能。

我们不妨对这两个概念展开思考。**民族中心主义**是一种在自身经验的基础上看待这个世界的倾向。在最根本的人类层面上，我们很难不带有民族中心主义。这是任何人类生活的事实。我们的经验是有限的，在有限经验以外的是一些陌生的和奇怪的东西（对我来说，改装车竞赛文化就是这样）。但是不仅如此，文化知识、习惯、传统、价值观，以及我们濡化而来的思想都有着巨大的力量，将会定义我们如何继续遇见、经历和理解我们周围的世界。我们常常完全意识不到，我们生活和体验世界的方式也塑造了我们的民族中心主义。事实上，民族中心主义对于我们是如此根深蒂固，以至于我们可能甚至都没有意识到它是多么的强大。比如说，许多美国人通常并未意识到文化上特定的"美的观念"形塑了他们对自我与他人的看法。这些观念能够造成强大的影响：有些研究表明这些对美的看法能够影响声望、就业和聘用决策，甚至还有学生对教授的评价。在一项有趣的研究中，研究者发现，"在学生对教学情况的评价中，有魅力的教授的得分总是

60

图 2-9　文化上特定美的观念塑造了我们对个人的美丽的理解和展现。图片由丹尼·加沃夫斯基拍摄

超出他们那些没有那么好看的同事们一大截”[17]。当然，造成有些教授“有魅力”而其他人“没有那么好看”的外貌形体特征既不普遍也不一致。我们对魅力的认知其实根植于民族中心主义，它们是由非常强大的而且常常是无意识的关于美的文化观念所塑造的。

认识到民族中心主义的力量，是迈向理解我们在文化研究中带有的偏见的第一步。没有人能够完全不带任何偏见。但是，每个人都可以首先意识到他们是民族中心主义的，然后去寻求自身世界观之外的理解文化的方式。换句话说，我们必须把民族中心主义从无意识的知识领域，转变为有意识的知识领域。

如果不加以遏制，民族中心主义会妨碍我们理解更大的文化问题。无意识的民族中心主义思想，能够影响我们对其他族群和文化实践有意识的判断。民族中心主义经常告诉我们这样的想法：我们对世界的看法是正确的，其他看待世界的方式是错误的或古怪的。比如，当我们听到有些人吃狗肉时，许多人都会被吓到。因为对我们许多人来说，狗是穿着毛皮衣服的小人，吃狗肉就等于吃人。我们不能在自身有关狗是谁、狗是什么的看法面前让步。我们对于其他人为什么不用同样的方式看待狗不感兴趣，所以我们像很多社会进化论者一样妄下结论：在我们看来，任何吃狗肉的人一定是原始人。

61

这里，让我们更深入地了解一下，吃狗肉对他人意味着什么。夏延－阿拉帕霍人（Cheyenne-Arapaho）是一个美洲原住民族群，他们生活在俄克拉何马州西部，有时会吃狗肉。可矛盾的是，许多夏延－阿拉帕霍人也同其他美国人一样，把狗看成穿着毛皮衣服的小人。不过，每年都有一次，一些夏延－阿拉帕霍人会选择在仪式上作为一个群体吃狗肉。

今天的夏延－阿拉帕霍人向人们讲述了这样一个古老的故事：以前族人快要饿死的时候，他们的狗走过来告诉人们，为了让夏延－阿拉帕霍人活下来，它们可以献出自己的身体，作为他们的食物。今天，在他们一年一度跳太阳舞时，夏延－阿拉帕霍人都会在仪式中吃掉一只狗来追忆那件事——他们的狗付出了生命的代价。在这个故事里，狗已不仅仅是身穿毛皮衣服的小人。由此看来，当我们跳出民族中心主义的圈子后，一切似乎都变得非常不同了，难道不是吗？[18]

图 2-10 20 世纪的夏延－阿拉帕霍人

不加检视的民族中心主义会妨碍对他人和其他文化实践的理解。当民族中心主义被推向公然歧视、种族主义、偏执行为或仇恨（这种情况经常发生）的极端时，我们不仅无法理解文化的错综复杂，也无法体悟人类经验的共同特征。到头来，我们自身也会变得更加孤立，更加缺乏人性。

既然它在人类经验中是如此根深蒂固，那我们该如何克服自己的民族中心主义呢？当我们从夏延－阿拉帕霍人的立场分析他们吃狗肉的原因时，我们所使用的概念工具就是文化相对论。文化相对论是人类学概念基础的第二部分，这一概念基础使我们可以通过整体观和民族学的框架来研究文化。

回想一下我对博厄斯的介绍，**文化相对论**是这样一种观点：每个社会或文化都必须按照其自身的情况来理解。这并不是说，我们必须同意我们所遇到的每种文化实践；而是说，如果我们真的想要理解文化是如何运作的，我们必须从那些创造、保持并感受文化之人的视角去看文化，而不是从我们自身的视角。

62

以布儒瓦对市中心贫民区毒贩的研究为例，他并没有纵容贩毒，或是非法毒品交易文化常依赖的野蛮暴力行为。相反，布儒瓦按照文化相对论的原则接近毒贩，而不是带着评判的心态，因此他能理解这一文化到底是如何运作的。在那里生活并研究了五年之后，布儒瓦了解到，毒贩也是在美国社会边缘挣扎求生的人。他写道，毒贩“并不是消极地接受他们因在社会结构上处于边缘位置而遭受的伤害。相反，通过投身地下经济，骄傲地拥抱街头文化，他们正在寻求弥补他们社会边缘化的替代品”[19]。

布儒瓦通过文化相对论获得了这些理解，没有屈服于民族中心主义；但同时，他也直接目睹了暴力的公然实施。理解这一种“恐怖文化”，是理解街头文化的组成部分如何运行的关键；这也同样使得布儒瓦更加坚信自己的看法：非法毒品文化及其伴随的暴力特征，极大地危害着美国社会。在毒贩已经摸索出贫民区生存方式的同时，他们也“变为自身毁灭和群体苦难的实际根源”[20]。

● 此时此地的人类学

您可以登录philippebourgois.net（访问时间为2014年1月9日），了解更多布儒瓦的成果，包括他近年对无家可归和药物成瘾现象的研究。

布儒瓦为期五年如此近距离的研究，若是没有文化相对论这个前提，是不可能实现的。然而，就如民族中心主义一样，文化相对论也有可能走向极端。有些人或许就会劝说道，我们不能对他人及其文化实践做出任何评判。假设一下，如果我们不需要对他人做出判断，那就太好了。可是这样一来，我们生活世界中那些人类实际行为的知识又有什么用？我们又该如何看待人类社会中仍然存在的暴力、奴隶制、种族灭绝或者对他者的剥削？就拿对妇女的暴力行为来说，强奸、性侵犯、性骚扰或者跨国贩卖妇女到妓院，都是地区和国际文化中的残酷现实。[21] 如果对此只是置身事外，并且轻描淡写地说上一句，“好吧，那就是文化，我们真的不该评判或寻求改变它”，这就是将文化相对论用到极端的表现。

63

我再来讲个更加残酷的例子吧：**种族灭绝**，即一个群体的人将另一个群体彻底灭绝。种族灭绝是世界上许多社会的阴暗面。我们大概最熟悉的例子莫过于德国纳粹，但是这种行为无论如何都不是罕见的人类行为，过去如此，现在也是如此；不幸的是，它已出人意料地发生在人类历史上，并且仍在人类群体中普遍存在。

仅仅在20世纪，众所周知的种族灭绝就有许多例（比如德国纳粹屠杀了600万犹太人），因为种族灭绝而死亡的总人数，据估计竟然高达2800万人。此外，仅仅计算1950—2000年间遭种族灭绝的人数。1955—1972年，苏丹军队消灭了50万苏丹南部人民。1971年，在孟加拉国，巴基斯坦军队屠杀了大约300万人。1972

年，在非洲的布隆迪（Burundi），图西人（Tutsis）杀死了大约20万胡图人（Hutus）；在卢旺达，仅仅在1994年的几个月内，胡图人就屠杀了超过50万图西人。让我们好好想想最后一个例子：仅仅几个月的时间就有50万人被杀。在1994年，50万人足以组成一个小型或中型的美国城市，就像纳什维尔（Nashville）。想象一下，在几个月的时间里，生活在纳什维尔的居民全都没了，消失了，被从地球上清除了。单是在20世纪末，图西人和胡图人就造成了超过100万人的死亡，这种诡异的人类现象存在于世界上每个地区。从北美和南美到欧亚大陆再到非洲，种族灭绝成为所有人类集体历史的一个共有现象。[22]

尽管人类学家通过研究这一现象，得以更好地了解暴力文化，但这并不意味着我们可以置身事外地说："好吧，那是他们的文化，我们不应评判或寻求改变它。"在对种族灭绝及其同暴力文化的关系的研究中，真正的问题出现了：我们如何在世界层面上应对这种人类暴力？它是生物性的还是文化性的？如果它是社会和文化的建构，我们怎样做才能改变人们对待彼此的态度？认识到人类差异的复杂性之后，我们又该如何建立人与人之间相互理解的桥梁呢？

64

随着我们向地球村不断迈进，这些问题变得日益重要。在诸如海牙国际法庭这样的论坛上，人们被迫为种族灭绝这样的行为负责。在那里，不同族群的人们聚到一起，商谈并决定很多议题，例如不管奴隶制在特定社会或文化中发挥什么作用，都不应该容忍奴隶制。联合国颁布的《世界人权宣言》在第四条中声明：

“任何人不得使为奴隶或奴役；一切形式的奴隶制度和奴隶买卖，均应予以禁止。”[23] 但是，奴隶制仍然存在于当今的世界上，如苏丹仍在进行中的奴隶贸易。

当然，人们一直都在与他人协调自身的道德准则。但与过去不同的是，现今一些群体正不得不在国际层面上与其他群体协商那些他们可能会认为再自然不过和正确的事情（如奴役他人），因为后者认为这些都是错误的。人类学家卡罗琳·弗吕尔－洛班（Carolyn Fluehr-Lobban）写道：“跨文化的思想交流已经促使人们越来越接受某些人权的普遍性，不论文化差异如何。”[24]

在民族中心主义和文化相对论之间，存在着让人难以置信的复杂性，以致两者很难达到平衡，无论是在文化研究中，还是在世界层面的文化协调上。理解民族中心主义和文化相对论的复杂性，是一个至关重要且持续不断的过程，是一个影响和塑造文化研究以及关于人类自身生存的文化知识的过程。

总结：从定义文化和研究文化中学到的

在对文化有了深入的了解之后，我们又该怎么办？文化在人类生活中的作用是巨大的。但是，大众对文化的看法往往局限在传统、风俗或习惯上。尽管这些“事物”的确是文化的组成部分，然而，它们仅仅是能够引导我们去理解人类所有复杂性的更大综合体的一小部分。而且，因为人类是复杂的，所以文化也就令人难以理解。因此，生活在当今这个复杂的世界，意味着我们越来

越需要以更为复杂的方式去理解文化，从日常生活中与他人的互
65 动，到世界舞台上的国际关系。我们只有在更广泛的框架中理解文化，才能处理复杂的人类问题，并获取解决复杂问题的复杂方法。理解文化的力量由此为我们提供了一个理解和创造我们的生活变迁和社群变迁的强大工具。

说了这么多，让我们简单地回顾一下。文化是一个共享并

图 2-11 不加批判地接受文化相对论，可能会妨碍我们共同努力解决复杂多面的世界问题。事实上，世界上的所有公民都愈加发觉：他们必须依据我们这个快速变化且越来越一体化的世界来评价自己的文化实践。比如说，南非前总统纳尔逊・曼德拉（Nelson Mandela，图中心）曾在讲话中提出，非洲的艾滋病防治远非只是教育大众；人们更须改变因循守旧的、会助长这一感染性疾病传播的文化活动。照片由作者本人拍摄

协调的意义系统，通过人们习得的知识而传达，并通过阐释经验和产生行为而付诸实践。换句话说，可以将文化分解成以下几个方面：

- 文化是一个意义系统（该系统由很多部分即不同的人组成）。
- 文化在人们内部和相互之间共享并协调。
- 文化由知识组成。
- 文化通过濡化而习得。
- 实践中（即日常社会互动中），文化建构经验（反之亦然）。
- 实践中（即日常社会互动中），文化产生行为（反之亦然）。

66

别忘了，理解文化本身的复杂性，需要通过一种哲学视角，

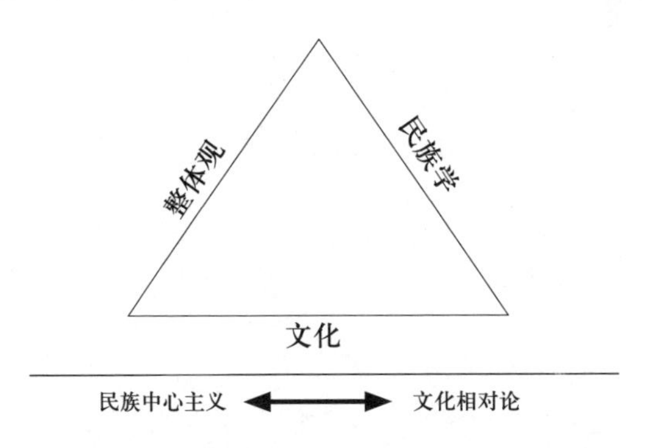

图 2-12　理解文化复杂性的模型

也就是利用整体观和民族学（即应用于文化研究的比较法）来权衡地看待文化，而整体观和民族学又建立在民族中心主义和文化相对论不断演化制衡的基础上。这就是在人类学意义上理解文化的精髓所在。尽管人类学家会运用哲学模式，但是他们还有另外一种独特的文化研究方法。这种方法被称为民族志（ethnography），它将是我们下一章讨论的主题。

第3章　民族志

- 英国社会人类学和马林诺夫斯基
- 今日作为田野方法的民族志：参与观察
- 民族志作为今天的一种书写类型：关于书写民族志
- 民族志对我们的启示：它对什么有益？

若我们怀着敬意去真正了解其他人的基本观点……我们无疑会拓展自己的眼光。我们如果不能摆脱自己生来便接受的风俗、信仰和偏见的束缚，便不可能最终达到苏格拉底那种“认识自己”的智慧。就这一最要紧的事情而言，养成能用他人的眼光去看他们的信仰和价值的习惯，比什么都更能给我们以启迪。

在上一章，我介绍了文化的人类学定义和其中起推动作用的概念，以及人类学家进行文化研究时使用的哲学观念。我特别强调了如何理解整体观和民族学，这两个概念仰赖于在民族中心主义和文化相对论这两种具有深刻复杂性的观点之间取得平衡。在本章，我将进一步探讨人类学独有的一种文化研究路径，它既调查和探索文化的复杂性，同时也描述文化，它就是**民族志**。

在对文化的比较研究（或民族学）中，人类学家几乎完全依靠民族志来对人类做出宽泛的概括。事实上，离开了对文化的细节描写，我们很难想象如何能够很好地针对人类行为，或是一般情况下文化在人们生活中的作用，进行跨文化比较。因此，由于它对人类学领域（尤其是对社会文化人类学领域）的重要性，民族志本身就是一种具有多面性的方法。与文化概念一样，它也有着广泛的理论和哲学基础。为了介绍民族志及其理论和哲学基础，我非常乐意回到我对人类学故事的讲述上来。

英国社会人类学和马林诺夫斯基

就像多数人类学家都认为现代美国人类学的发展离不开博厄斯，许多人也把现代民族志的发展同布罗尼斯拉夫·马林诺夫斯基（Bronislaw Malinowski）紧密地联系到一起。[1]就在博厄斯围绕文化相对论和历史特殊论构建美国人类学的同一时间，波兰裔英国人类学家马林诺夫斯基提出了一个新的书写文化的方式。他对英国社会人类学的影响，可以同博厄斯对美国人类学的影响相媲美。与博厄斯一样，马林诺夫斯基也支持与特定人群长时间生活在一起的调查方法；但与博厄斯不同的是，他阐明了在人类学学科框架内进行民族志的理论化、实践与写作的系统方法。

72

图 3-1 布罗尼斯拉夫·马林诺夫斯基

马林诺夫斯基在许多方面都卷入了与博厄斯属于同一类型的探讨。马林诺夫斯基以其所称的“本地人观点”(the native's point of view，也译作“文化持有者的内部眼界”“当地人观点”)，来回应社会进化论者。马林诺夫斯基写道，民族志的目的在于，“把握当地人的观点、他与生活的关系，弄清他对自身世界的看法”[2]。和博厄斯一样，马林诺夫斯基相信，为了理解另一个社会，你必须同所谓当地人生活在一起，把你对他们的判断放到一边，寻找从他们的观点来理解其文化的方法。但不同于博厄斯的是，他把寻找“本地人观点”完全置于一套系统方法中。

在他的名著《西太平洋的航海者》[*Argonauts of the Western Pacific*，该书以他1914—1918年在西太平洋特罗布里恩群岛(Trobriand lslands)上为期四年的研究为基础写成，出版于1922年]中，马林诺夫斯基认为，做民族志研究应该至少具备三个基础。对此，他总结如下：

1. 部落(tribe)的组织及其文化构成必须以翔实明确的大纲形式记录下来。这一大纲必须以具体的、统计性资料的方式提供。

> 2. 在这一框架内，研究者必须填入日常生活中不可测度的方面和行为类型。这方面资料必须通过精细的观察，以某种民族志日记的形式来收集，而这只有密切接触当地人的生活才有可能。
>
> 3. 应当提供对民族志陈述、特殊叙事、典型说法、风俗项目和巫术程式的汇集，作为语言材料集成和当地人思维方式的资料［着重号为原文所有］。[3]

对马林诺夫斯基来说，民族志研究应该集中在以下方面：首先，完整记录文化及其结构；其次，通过田野笔记，记录经验中表现出的带有文化意味的动作和行为；最后，运用正式和非正式访谈收集资料，以当地人的视角记录当地人的文化知识。

73

当马林诺夫斯基写下这些看法的时候，许多英国人类学家就像他们的美国同行一样，以异域的非西方社会作为他们主要的民族志研究对象。这一做法向当时盛行的社会进化论发起了最严峻的挑战。而且，像美国人类学一样，英国人类学也因关注非西方族群而闻名。这就是为什么马林诺夫斯基会使用部落一词。当然，这种对部落的研究在今天已经减少了，特别是因为现在人类学总体上的关注点，既包括遥远的文化也包括近距离的文化，既包括西方文化也包括非西方文化，既包括异域的文化也包括熟悉的文化。尽管如此，马林诺夫斯基要求民族志学者用具体详细的资料记录文化的组织和结构，这对民族志方法论的发展产生了重要影响。

图 3-2 詹姆斯·乔治·弗雷泽

在阐明这些方法的同时，马林诺夫斯基含蓄地回应了研究非西方族群的准则——这种描写“特异的他者”（exotic others）的标准，一直以来都由一些群体主导：一边是传教士、士兵或殖民政府，另一边是对当地群体进行“走马观花”式调查的学者。例如，大多数社会进化论者很少进行田野工作（即住在当地社区开展研究），而是通常使用军事报告、传教士的描述或者殖民记录等宽泛的报告来解释其他文化实践，并从远处建构他们的进化论模型。对他们来说，同所谓的原始人或野蛮人生活在一起，既没必要，自己也不想。例如，知名的英国人类学家詹姆斯·乔治·弗雷泽（James George Frazer）写了 13 卷书来描述所谓的原始人的思维，以及那些信仰和习俗如何代表了社会进化的早期发展阶段。但当被问及他是否曾见过这些原始人或同他们交谈过时，他断然否决：“上帝可不想我那样！”[4]

同博厄斯一样，马林诺夫斯基认为，真正的文化描写，只能通过直接经验的媒介来进行。但是，仅和某个社会的当地人生活在一起，以及欣赏他们的“本地人观点”是不够的。他认为，文化描写应该也是一项系统工程，它以不断记录文化的表现为特征，通过详细的观察、田野笔记和访谈手段来传达；它不应该是以别的（诸如传教士、士兵或殖民政府的）观点来对文化进行阐 74

释。对于马林诺夫斯基来说，后者的这些报告一定存有局限性。只有使用相对论的方法辨清“本地人观点”，基于直接的不带偏见的证据，才能实现“科学的”文化研究。按照马林诺夫斯基的观点，**民族志学者**（ethnographer，即采用民族志研究方法的人类学家）只有坚定地遵守这一模式，才能做到对另一文化进行不带偏见的客观描写。

许多当代人类学家认为，想要对文化进行“科学的”或完全客观的描写是不可能的（毕竟，我们也是人；而且还存在着人类偏见的问题，也就是民族中心主义）。但不管怎样，马林诺夫斯基促使来自欧洲和美国的人类学家逐渐达成一个共识：文化描写必须以直接参与和观察为基础；而且，书写民族志报告对民族志学者有以下要求，用马林诺夫斯基的话来说就是，“必须清晰简洁地表明……构成其阐述基础的，哪些是他自己的直接观察，哪些是间接的信息”[5]。

然而，有了上述观点，我们还必须检视它的另一个组成部分：马林诺夫斯基对于部落组织及其文化构成的看法。马林诺夫斯基既是在提倡一种描写文化的方法，也是在提倡一种特殊的假设、哲学或文化理论——这一理论在今天仍然影响着民族志研究。

马林诺夫斯基认为，文化的每个部分都有它之所以存在的功能。文化的“素材”或文化产品，如动作、行为、信仰、习俗或传统，都存在于文化制度（像政治、经济、家庭和亲属关系）的框架内。在马林诺夫斯基看来，文化最终实现了一项功能；它以某种方式满足了人类的基本需要，那些对于人类状况具有普遍意义的需要。例如，他认为，特罗布里恩岛民的巫术信仰不是文明早期阶段宗教的原始形式。相反，那里的宗教信仰和实践有一个功能：它们都满足了应对生命的不确定性这一基本的人类需要。

特罗布里恩岛民定期从太平洋上的一个小岛航行到另一个小岛，在西太平洋交易圈中进行商品贸易。他们的航行以小船为工具，所以既不确定又危险。因此，他们用巫术来保障航行安全。马林诺夫斯基认为，他们的巫术满足了一个基本的人类需要，即 75

图 3-3 对于马林诺夫斯基而言，尽管特定的文化实践会有差异巨大的表现形式，但它们的功能只有同一个。每种文化实践都实现了某种目的。马林诺夫斯基认为，诸如特罗布里恩群岛的巫术或者基督徒的祈祷（见图）等实践，都满足了应对不确定性这一基本心理需要。图片由丹尼·加沃夫斯基拍摄

应对不确定性的心理需要。

这样一来，特罗布里恩岛民的行为就和基督徒的祷告没有什么不同，后者不过是把不确定性“放进上帝之手”。马林诺夫斯基认为，尽管特罗布里恩岛民的信仰和基督教信仰的表现方式有着显著的不同，但其功能则完全是一回事。它们都各自满足了某种目的。并且，两者的制度都通过对不确定性的处理，满足了人类基本的心理需要。事实证明，特罗布里恩岛民的巫术信仰是非常符合逻辑的，就如基督徒相信祷告一样。

在当今时代，人类学家会争辩说，像宗教这样的体系，尽管明显服务于某些目的，实际却要比这复杂一点。不过，马林诺夫斯基所提出的文化功能主义的观点，仍然内在于文化概念之中（例如，回忆一下上一章提到的，野蛮暴力是地下毒品贸易的一个功能）。此外，功能性仍然是民族志实践中的固有概念。当代的民族志学者在研究文化时，仍然会假设文化实践服务于某种目的并以某种方式产生意义。

76

“文化作为系统发挥作用”这一基本假设，呼应着整体观视角。在英国社会人类学界，这一假设最先开始在马林诺夫斯基和他的同行——如A. R. 拉德克利夫－布朗（A. R. Radcliffe-Brown）——中得到巩固。对于马林诺夫斯基来说，特罗布里恩岛民的巫术信仰，并非存在于文化真空之中。这种实践同岛屿之间更大的交换系统相联系，这一交换系统被特罗布里恩岛民称为**库拉**（Kula）。

简单来说，库拉就是由散布在西太平洋岛屿上的贸易伙伴所组成的一个广阔网络。特罗布里恩岛民交换许多东西，而库拉的核心是两种特定物品的交换：贝壳臂镯和贝壳项圈，它们以约定俗成的方式，在岛屿上的村庄间来回流动。臂镯在岛屿之间的流动是一个方向，项圈则是反方向。这两项物品都非常受人喜爱，并且所有的经济交换似乎都是随着它们的交换而进行。

图3-4 A. R. 拉德克利夫－布朗

● **此时此地的人类学**

对人类交换体系及其与其他生活领域的关系的研究，如马林诺夫斯基的库拉研究，一直以来都是人类学的重要内容。在近年一项针对华尔街的民族志研究中，人类学家梅利莎·费希尔［Melissa Fisher，纽约大学（New York University）］观察了第一代工作于华尔街并获得高度成功的女性。费希尔描绘了个人如何在社会经济和政治背景下打造身份和争取成功，并将全球市场和争取性别平等联系在一起。您可以登录以下网址获取关于这部名为《华尔街女人》（*Wall Street Women*）的民族志的更多资料：www.dukeupress.edu/Wall-Street-Women（访问时间为2014年1月9日）。

马林诺夫斯基认为，这一交换体系把这些岛屿整合成一个更大的社会和政治体系，这就是它的功能。交换的货物——贝壳臂镯和贝壳项圈——本身并没有什么价值。然而，特罗布里恩岛民却赋予它们经济上的含义。它们都非常受人喜爱，或者是因为其自身历史悠久（许多已经在这个网络中流通很多很多年了），或者是因为它之前所有者的身份。马林诺夫斯基由此得出推论：特罗布里恩群岛的交换行为，并不是“原始的”或者“野蛮的”，而是与西方社会的交换体系非常类似，都是一种通过赋予一些本身不带有价值的事物以任意的意义而建立的交换体系，就像纸币本身只不过是张纸而已。尽管库拉圈比民族国家间的贸易要小得多，但特罗布里恩岛民赋予贝壳臂镯和项圈的价值，与我们可能赋予古董、古画或猫王的内衣的价值（如果你拥有这些东西，那会是非常有价值的），同样都是主观的。

77

马林诺夫斯基的观点是要说明，从宗教到经济学，人们构建了具有某种功能（即存在的目的）的系统，并与其他意义系统紧密相连。例如，在库拉圈中，人们把巫术同商品交换紧密联系在一起；没有了它，在岛屿之间交易臂镯和项圈就太危险了。马林诺夫斯基写道，库拉“呈现出相互交织、相互影响的几个方面。举两个例子来说，经济活动和巫术仪式构成了不可分割的整体，巫术信仰的力量和人的努力也［在贝壳臂镯和项圈的交换中］互相影响、互相塑造”[6]。因此，马林诺夫斯基认为，每个文化制度都满足了（普遍的）基本的人类需要；同时，他也认为，这些制度，例如宗教、经济或政治，都作为一个整体而发挥作用，这个整体就被称为“文化”。

这样一来，马林诺夫斯基的文化理论取向在对文化的书面描述中表现出坚定的整体观思想。他解释说，如果部分组成了整体（我们称之为文化），那么民族志就必须对其加以描述。例如，我们可以看一下马林诺夫斯基如何组织他这本研究特罗布里恩岛民的民族志。他把整部书分为22章。每一章都介绍系统的一部分。他首先介绍库拉圈的范围及其居民，总结了库拉的要点，从第4章开始描写库拉贸易圈的每个部分：从独木舟的制作，到航海；从围绕着库拉进行的仪式，到真正面对面的经济交换；从围绕库拉的神话传说，到巫术实践。所有章节都指向最后的第22章“库拉的意义”。在这一章中，马林诺夫斯基总结出他一直提出的一个观点：每个部分共同发挥作用，组成有逻辑的整体，那就是库拉。

78

今天，许多民族志学者都反对马林诺夫斯基的“文化是一个具有清晰边界的系统”的假设。相反，他们研究文化的某一个方面（比如宗教、经济或政治）。他们现在断言（就像我在上一章说过的），文化是多层面的，各个文化系统的边界都是含混不清的。像马林诺夫斯基那样把文化看成一个具有边界的功能性的系统，在今天已经不再那么普遍。然而，文化是作为一个系统发挥作用的理论假设，仍然内在于文化概念之中，反过来也是人类学家将民族志既作为一种田野方法也作为一种书写方法的内在因素。

总之，像马林诺夫斯基所写的英国“功能主义的”民族志，已成为书写民族志的范式。事实上，这一形式成为人类学家——不仅是英国人类学家，更是世界范围内的人类学家——将文化描

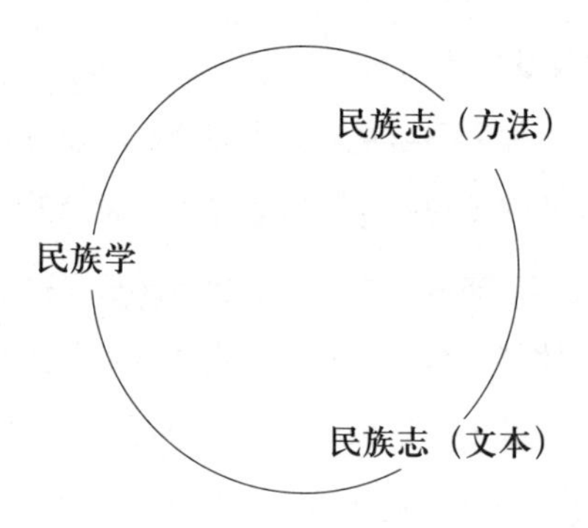

图 3-5 民族志既是一种研究文化的田野方法，也是一种描写文化的方式。作为一种书写类型，它为民族学提供资料，后者又反过来提出新的文化问题——民族志学者通过第一手的民族志田野工作对这些问题进行探索

写成一个意义体系的首要方式。因此，民族志在成为一种田野方法的同时，也成为一种特殊的书写类型。作为一种包含参与、观察、做田野笔记和访谈的方法，民族志逐渐对社会进化论者和那种坚定地认为“原始人”的文化比“文明人”的文化缺乏逻辑性的观点构成了挑战。但在当时那个年代，这种民族志是全新的东西。事实上，这种极其简单的方法，在今天**仍然**未被完全领会。（大家可以想想关于贫困的讨论。在对贫困的探讨中，说话的人并不是那些挣扎着勉强度日的人；我们听到的大都是政客、“专家”和其他那些所谓的媒体人物在高谈阔论，而这些人几乎从来就没有体验过长期贫穷的真正滋味。）

79 作为一种特殊的文献类型，书写的民族志仍然是理解文化的一种独特的文献方法。因为书写的民族志可以使我们深刻地去了解“本地人观点”，这些都在民族志中被一一描写下来，而且它也可以使我们从更大的理论和民族学视角，去理解人类的行为和意义。

最终，民族志的目的在于让我们更广泛地探讨文化在各地人们生活中的作用。它为民族学提供资料，同时民族学又反过来提出有关文化的新问题，民族志对此有独特的处理能力。事实上，民族志和民族学之间的相互合作本身就是一个有更大目标的系统。就像马林诺夫斯基在许多年前所说的，

> 若我们怀着敬意去真正了解其他人的基本观点……我们无疑会拓展自己的眼光。我们如果不能摆脱自己生来便接受的风俗、信仰和偏见的束缚，便不可能最终达到苏格拉底那种“认识自己”的智慧。就这一最要紧的事情而言，养成能用他人的眼光去看他们的信仰和价值的习惯，比什么都更能给我们以启迪。当今之世，偏见、恶意、报复正分割着欧洲民族，所有被珍视和宣称为宗教、科学与文明最高成就的理想已随风而逝，有文明的人类从来没有什么时候比现在更需要宽容。人的科学应该在理解他人观念的基础上，以它最细致和最深邃的形态，指引我们达到这种见识、慷慨和宽大。[7]

今日作为田野方法的民族志：参与观察

既然我已以故事的形式确立了民族志的理论和哲学基础，我

很乐意深入研究当代人类学家如何运用来自博厄斯和马林诺夫斯基等人的田野方法来开展文化研究。今天，我们把这种田野调查方法称作**参与观察**（participant observation）：一套包括长期参与、观察、田野笔记，以及访谈特定社会、社区或群体（无论是部落、赛车、撞车或企业）的当地人在内的系统方法。

首先，参与其中。人类学家仍然坚信，如果你想要从那些文化成员自身的观点来理解他们的文化，第一手资料是十分重要

80

的。人类学家反对那种认为仅仅通过走马观花的调查、访谈或观察就能透彻地理解文化的看法。布儒瓦，即书写了关于毒贩的民族志的那位人类学家指出，许多针对非法毒品使用和交易的学术研究，都是由简单的访谈或调查得出的，其中许多研究都假设吸毒者和毒贩会诚实地透露有关非法毒品交易的完整信息。与马林诺夫斯基和博厄斯一样，布儒瓦通过简单的参与方法，就质疑了对非法毒品使用和交易的传统认识的深度。[8]

我说参与其中非常简单易行，但是，事情真的是这样吗？难道收拾行囊，头也不回地去往另一个世界，并在那里生活非常长的一段时间，是件轻而易举的事情吗？不过，这却是想要研究文化的人类学家预期之内的事。例如，布儒瓦离开了他在曼哈顿相对舒适的生活，带着妻子和儿子一同搬到了哈莱姆东区，并在那里一住就是五年。

参与另一个社会、社区或群体，常常是项艰巨而且需要很大耐性的任务，尤其是在你参与其中的社区或群体离你熟悉的经验非常遥远的情况下，比如说改装车竞赛文化。尽管参与进去听起

来不用费什么劲，但事实上，想要了解另一个群体及其伴随的文化实践，可能是一项复杂的任务，更不用说开启这种努力所需的大量准备工作（我会在下文继续讨论）。大多数人类学家都同意民族志学者梅琳达·博勒·瓦格纳（Melinda Bollar Wagner）的说法，她写道："参与观察会经历特定的几个阶段，无论它是发生在充满异域文化的远方，还是故土。记录者［人类学家］通常对此有多种划分，但是我认为可以非常肯定地说，［民族志学者］都往往经历以下阶段：**进入田野**、**文化震惊**、**建立关系和理解文化**［着重号为原文所有］。"[9]

在她的民族志《上帝之学府：美国社会的选择与妥协》（*God's Schools: Choice and Compromise in American Society*）一书中，瓦格纳概括说明了她用这一框架来研究基督教基要派（fundamentalist）教会学校的方法。作为一名研究美国宗教体验的学者，她意识到，尽管她对宗教和教育的看法有很大不同，但是从管理学校的基要派基督徒的观点来理解教会学校，却是理解美国宗教多样性的一个重要组成部分。但是她并不是其中一员，又该如何进入，如何开展研究？

81

瓦格纳解释说，她进入这一群体的契机来自一位自己以前的学生，这个人后来成为一名教会学校教师。在共同参加过一次非宗教性质的教学会议后，瓦格纳开始向这名学生询问一些关于教会学校和她的信仰的问题。过了一段时间，瓦格纳通过这名学生获得了进入这一世界的机会。[10] 像许多人类学家一样，瓦格纳进入该群体的方式，是通过人类学家所称的信息提供人（informant）

或**报道人**（consultant），即告知民族志学者并定期与他们商讨对特定群体文化理解的人。民族志学者常会有许多报道人，不过，那些帮助人类学家进入特定群体的人则是“关键报道人”（简单说来，就是民族志学者的主要报道人）。

从博厄斯和马林诺夫斯基到布儒瓦和瓦格纳，认识关键报道人对民族志研究可谓至关重要。除了使我们得以进入他们的生活以外，从根本上说，关键报道人使理解他们所在群体的文化成为可能。当我开始做改装车竞赛文化的民族志研究时，必须先跟赛车圈的人混熟才能获得进入该群体的途径。我必须结识那些比赛场场不落和那些定期捧场的赛车迷们。我还必须认识赛车手和维修人员。还有那些卖食品的小商小贩和倒卖黑市票的人，我也有必要认识。如果我想了解这个意义系统，我就不得不从它的许多不同部分来进入它——这些部分就是那些使参与者的文化拥有真实体验的人。比如说，人类学家詹姆斯·托德（James Todd）研究美国的改装车竞赛文化，以及它同种族（即“白人”）、地方主义（即美国南部），以及资本主义（即这项运动的市场化）等更广泛议题之间的关联。尽管托德对美国全国汽车比赛协会（NASCAR）的民族志研究意味着他必然非常熟悉赛车手和粉丝，但他的研究方法也提倡把NASCAR看成许多群体的集会，这些群体通过对比赛的举办和消费，而使运动变得有意义。为了“追踪NASCAR成型、创办和被理解的复杂方式”，托德研究了“重生的基督徒、游客、历史学家、流动小贩、市场总监、企业主管、博物馆馆长、车队职业赛车手、名人、公关人员、电视记者和报纸上的赛事专栏作家”。[11]

然而，进入田野远不是仅仅和报道人见面和认识。研究者不只是决定好一个研究主题或群体，继而只是在田野中“露个面儿”。许多民族志学者都会花费大量时间阅读以往的民族志和其他的报告，考察研究的可行性，准备研究计划（换句话说，民族志工作在田野中将如何开展），设计研究问题（即列举出将要询问报道人的问题和研究所契合的更广的理论问题），以及寻求资助。除此之外，人类学家常常必须从政府、组织、当地社区或群体领导者那里获得研究许可。以托德为例，他就必须

82

图 3-6 人类学家詹姆斯·托德（右）正在同NASCAR 赛车手麦克·华莱士（Mike Wallace）交谈。除去花费了无数时间在 NASCAR 的跑道上进行参与观察，他的研究也把他带到了远离家乡的车库、野营地、教堂礼拜仪式、公司办事处，他会见了市场总监，甚至看到了车神戴尔·厄恩哈特（Dale Earnhardt）的纪念物。他说：“我的研究成为对特定叙事形式和手法及政治经济和组织政治的记录。通过这些记录，这一复杂迷人的实体——既有公司还有团体——既再造了自身，也再造了美国地方主义的特殊景观。”照片由唐·科布尔（Don Coble）拍摄

83

获得来自 NASCAR 和赛事主管的正式许可。非常幸运的是，后者为他的研究开具了可以任意进出的通行证明。相比之下，一些人类学家就没这么幸运了：他们常常要等上数年才被允许开展研究，而且即使获得许可，他们的行动也可能要受到严密的监视或监督。所有的民族志学者自然是要遵守政府制定的法律。以布儒瓦为例，他没有违反法律，既没有直接参与非法毒品交易，也没有卷入与此伴随的暴力文化。除了这些明显的限制以外，人类学家还会受到人类学学科及其供职的相关机构制定的伦理标准的约束。人类学家有义务告诉自己的报道人，为什么会参与他们的生活，以及自己在研究什么。而且，人类学家必须始终把报道人的安全和福祉看得比自己的研究更重要。[12] 因而，获准进入特定社会、社区或群体，常会受到某些限制和约束的影响，既有法律上的，也有伦理上的。

我之所以提到这一点，是因为在任何学科（如医学），每项研究都会受到一定限制。正因如此，进入田野会受到某种约束，民族志研究接下来的参与部分也会受到限制。尽管如此，直接参与仍是人类学家进行民族志研究时采取的主要方式。关键报道人的存在使其成为可能。

不过，成功进入田野只是一个开始。正如瓦格纳所言，获准进入田野后，民族志学者常常紧接着就要面对**文化震惊**（cultural shock），即两个或多个意义系统在身体中的相遇，多表现为焦虑、不当行为或身体疾病。简而言之，一旦民族志学者进入一个特定的文化情境中，他们通常以一种非常个人的方式体验自身和被研究者之间的差异。他们在面对那些不同于自己的习俗和传统时，可能会感到非常不舒服，也可能感到无所适从，还可能会因为不懂当地的文化规则而做出一些错误的举动，或者最糟糕的是，他们甚至会身体不适或患病。

或许文化震惊最普遍的表现，要数民族志学者在还没学会理解所研究的社群之前所做出的一些错误行为。在瓦格纳的例子中，她最初在参加教会学校的聚会时，一直穿着非常朴素的衣服，她觉得这样才符合她心目中的基要主义思想。但她很快就发现，她的朴素穿着在这里格格不入，尤其是当她待在那些衣着华丽的妇女们中间的时候。[13]

84

在我念本科时所做的一项对药物成瘾和康复的研究中，我参加了匿名戒毒会（麻醉药品滥用者互助协会），想要对康复过程有一个直观的了解。第一次去那儿时，像任何人类学家在田野工作时可能做的，我开始做观察笔记。但是突然间，聚会停了下来，所有人的眼睛都望着我，每个人都想知道我在干什么。由于匿名性是戒毒会至关重要的基础，我记笔记的行为也就显得极为不当。我是个记者，还是个警察?

布儒瓦也给我们讲过一个险些危及他生命的例子：由于犯了一个非常严重的错误，他当众令他的一位报道人很难堪——他称这位报道人叫雷（Ray）。布儒瓦让雷在朋友面前读一下报纸上的一篇文章，可他却不知道雷并不识字。他写道："雷长期埋藏在心底的童年时因制度性失败而没能读书的心理创伤，在这一刻骤然爆发出来。他抬起头，恢复了他在街头生气时常有的那副怒容，一把甩下报纸，尖叫道：‘操你八辈祖宗！老子一点都不在乎这些破玩意儿！给我从这里滚出去！你们所有人都给我滚出去！’”[14]过了一些天，雷告诉布儒瓦：“菲利普，让我告诉你一些事：有些人害得其他人遭到警方拘捕，哪怕是无意的，有时就会被发现死在车库里，他们的心被剜出来，身体被剁成碎块……或者只是他们的手指卡在了通电的插座里。你明白我说的吧？”[15]

文化震惊的另一个非常普遍的表现是焦虑：当你遇到不熟悉或使你不舒服的文化实践时，你就会体验到这种感觉。在瓦格纳的例子中，被“见证”是最早让她感到不舒服的文化实践。[16]在

85

图 3-7　布儒瓦在哈莱姆东区开展自己的田野工作，出版了民族志作品《生命的尊严：透彻哈莱姆东区的快克买卖》(*In Search of Respect: Selling Crack in El Barrio*)。照片中墙上的涂鸦是对哈莱姆东区一个被害青年的纪念。照片由奥斯卡·瓦尔加斯（Oscar Vargas）拍摄

另一项有关神秘学的民族志研究中，瓦格纳详细地描写了参与者 84 最初使用的语言是如何让她感到被群体边缘化。尽管他们的语言也是英语，但是他们所用的词汇对她来说却是完全陌生的。[17]

许多人类学家都曾描述过这种因为置身于一种与自身文化完全不同的文化中，不知道自己该做什么、怎么做或如何回应而产生的最初的焦虑。尽管人类学家极力想保持文化相对性，然而他们毕竟也是来自一定文化背景的人。对于人类学家，甚而所有人来说，感受到文化震惊是遭遇文化多样性时的一种正常情况，因为它来源于我们自身的民族中心主义（我们不能完全避免）。文 85 化震惊值得重点思考，因为它常常标示了多种意义系统（也就是我们所说的“文化”）之间的模糊空间。的确，当我们离开自己舒适的空间来到不熟悉的世界时，我们应该预料到会经历文化震惊。然而，正如人类学家斯普拉德利和麦柯迪所写：“文化震惊和民族中心主义或许……会妨碍民族志学者。……独自沉浸于另一个社会中，民族志学者对他或她的对象所采用的行为和解释的文化定义规则一无所知，这样的结果就是，对在新的背景下能否做出适当的举动和无法恰当地与当地人交往产生忧虑。”[18]

尽管文化震惊几乎是田野工作早期阶段的必然特征，多数人类学家最终还是学会了如何克服它。他们学习采取适当文化行为的规则，并克服了他们最初的焦虑或者无法同他者交往的困难。尽管如此，文化震惊并没有完全消失，它一直都是田野学习过程的一部分。就像瓦格纳所写的，文化震惊会“随着与研究对象关系的发展而浮沉”[19]。

86　这就为我们引出了参与的下一部分：建立友好关系，即同社会、社区或群体成员建立相互信任的关系。在瓦格纳的例子中，经过一段时间的适应后，她发现自己已经融入了基要派教会学校的共同体之中。随着人们开始相信她的意图，并且意识到她不是到此评价他们而是努力理解他们的文化实践时，瓦格纳被接纳为一名她所研究的学校的观察员。她也越来越多地获邀参与学校的运行和活动，甚至是那些非常隐私的内容，比如祷告。[20]

布儒瓦也有类似的遭遇。最初，他很难使毒贩相信他不是卧底警察。但是一段时间后，他也获得了报道人的信任，并开始录下他们的谈话。人类学家多萝西·康茨和戴维·康茨夫妇（Dorothy and David Counts）著有《越过下一座山：北美开旅行房车的老年人的民族志》（*Over the Next Hill: An Ethnography of RVing Seniors in North America*），他们成功地混入开房车的老年人群体，与之较快地建立关系，并且还加入了“自由流浪者房车俱乐部”（Escapees RV Club）。在那之后，他们成为这一团体的正式成员，游遍北美洲，尽力去理解为什么房车旅行会成为美国和加拿大的老年人退休生活中如此重要的部分。[21]（就如改装车竞赛文化一样，这也是现在的我所无法理解的。或许到我退休后，会明白个中缘由。）

建立关系，可以帮助民族志学者从局外人转为局内人。大多数情况下，人类学家仍然保持边缘状态。例如，在对匿名戒毒会的研究中，我最后加入了这一团体，也受邀参加那些不对外人开放的秘密聚会，并被要求和群体共同分享我对毒品成瘾的想法。

可我始终没有体验过毒品成瘾和康复。而从我的报道人的角度来看，我在这方面缺乏个人经验就表明，还有些关于毒品成瘾的东西是我始终无法理解的。因为缺乏这种经验，我就一直处于我所研究的匿名戒毒会这一群体的边缘。

但是，我同基奥瓦人（Kiowas）住在一起并展开研究的经历，在许多方面是非常不同的。基奥瓦人是居住在俄克拉何马州西南部的一个美洲原住民群体。在和这个群体断断续续地共同生活并研究了他们一些年后，我的许多基奥瓦主人都坚信，由于我长期参与他们的群体生活，我已勉强称得上是他们内部的一员。我与许多基奥瓦人保持了多年的友谊，他们中的许多人都把我视作他们的亲戚（也就是看成儿子、兄弟、叔伯或侄子、外甥），并且常常用他们的语言称呼我为“Koy-ta-lee”，也就是“基奥瓦男孩”的意思。尽管我并未出生在他们的社区，今天的许多基奥瓦人却都把它称之为我的家外之家。事实上，从许多方面来说，那里也确实是我的家。我在那里的朋友和亲戚，都是我生活中的重要部分，不仅影响着我的人类学研究，还影响到我的个人生活。的确，他们甚至改变了我看待、阐释和理解这个世界的方式。[22]（我的基奥瓦朋友们、报道人和我都知道，尽管我们都把基奥瓦人社区看成“我的家”，可我无疑仍然处在他们这个群体的边缘——我是个白人。）

提及这些，是因为我想指出，尽管人类学家或许只是在某个特定时期（比如说一年），对一个社会、社区或群体进行研究，但是许多人都同那里的人们建立了一生的友好关系。这是因为建立

87

关系常会转化为友谊，而友谊就是长期而不断的亲密关系。有这种经验的人类学家绝对不在少数。例如，瓦格纳在完成教会学校的民族志后，仍然和她的报道人保持着友谊，尽管他们有着不同的宗教信仰和哲学信念。[23]

正像文化震惊和建立关系相伴发生一样，建立关系和瓦格纳所说的“理解文化”（你或许还记得）也是如此。理解文化是一个民族志学者从民族中心主义和文化震惊，转为欣赏和理解共享和协调的意义系统（即我们所称的文化）的过程。这首先是通过细致的文献记录和研究来实现的，我很快会谈到这一点，但是现在我只想说，多数民族志学者都认为，这种理解是不完整的，总是试探性的和持续进行的。事实上，我们从来不认为自己能够理解另一个社会、社区或群体的所有复杂性。但是，“理解文化”非常依赖与报道人建立和谐关系，因为他们以其“本地人视角”为我们打开了通向他们群体的窗户。正如瓦格纳在讲述自己的参与观察时所说，“一对一地从别人那里了解一种未知的文化是令人振奋的”[24]。

但是，从民族志的视角来看，“理解文化”并不只是依靠**经验**。尽管经验对民族志方法来说非常重要，但只有经验却远远不够。就算经验能给我们提供一种对文化实践的直觉性理解，但是作为人类学家，我们必须最终把这些经验转化为书写的民族志。要做到这一点，就必须密切关注被称为文化的更大的意义系统。正是文化建构、连接并表达了**他者**的经验，而不仅仅是我们的经验。为了做到这一点，民族志学者在很大程度上依赖于观察和访谈。

88

回想一下前面提到的，马林诺夫斯基坚持认为，民族志学者必须记录文化以理解文化。今天，多数民族志学者都已认识到，这种记录也包括记录自己、自身的偏见，以及自身带有的民族中心主义如何塑造了自己的观念和不断变化的理解。它还包括记录他者的公共生活，民族志学者通常通过田野笔记来完成。“典型的”民族志学者常常会定期记录自己观察和体验到的一切。这些笔记的记录方式是多种多样的，如用田野笔记本、便携式电脑，甚至是用便携式数字录音机录制声音文件。无论以何种形式，田野笔记都必须如瓦格纳所说，“从你看到、听到、尝到、闻到和感觉到的事物开始”[25]。在这种想法的指导下，一些民族志学者一边记日记（记录自己），一边单独做田野笔记（记录对文化实践的观察所得）。不过，其他人则拒绝这种把两者截然分开的方式。他们认为，最终所有的资料——由于都是通过观察者的眼睛看到的——都是主观的。虽然如此，民族志学者记录他们的观察所得（包括对自己和他者的观察）的方式，和你阅读或参加研讨会时记笔记一样。它们的过程非常相似。

然而，如果缺少了访谈，对自身和他者的观察就是不完整的。同报道人进行定期和持续的交谈，无论是正式的还是非正式的，都是民族志研究最重要的一个部分。[26] 首先，民族志学者可以借此检验和核查自身观察的准确性。其次，可以从本地人视角获得对当地文化实践更深层次的理解，群体成员会在交谈中表达这些本地人的观点。最后，访谈之所以这么重要，是因为田野笔记是从民族志学者的视角来写的，里面不会有太多本地人的观点。它们只把我们指向了那个方向。

定期地与报道人交谈，可以帮助我们对抗由自身经验产生的民族中心主义观点。我们通常会认为，如果和他人共同经历了某些事情，那么我们的体验就会是一样的。而通过交谈，我们可以

89

发现自己与报道人的体会有何不同。在交谈期间，共享经验的模糊性被打破，差异得以凸显。[27] 例如，人类学家玛乔丽·肖斯塔克（Marjorie Shostak），同昆人（!Kung）生活在一起并对他们进行了研究。昆人是一个游牧的狩猎－采集族群，他们今天大多定居在非洲南部。肖斯塔克最初的研究兴趣是围绕一个昆人妇女展开的。在其名为《尼萨：一个昆人妇女的生活和心声》（*Nisa: The Life and Words of a !Kung Woman*）的民族志中，肖斯塔克描述了她与尼萨的深入交谈如何有助于阐述这样一种观点，即尽管同为女人，她们的差异却是各自社会所特有的。从性和婚姻到生孩子和家庭，尼萨为肖斯塔克讲述了作为昆人文化中的妇女和美国文化中的妇女为何很难被概括为一个完全基于生物共同性的共同经验（这一点有时会在跨文化女性研究中被提到）。[28]

除了进行访谈和做田野笔记，当代民族志学者还运用许多其他方法收集资料，其中包括绘制地图、档案研究、拍照、问卷调查、绘制亲属关系图及其他社群关系图。[29] 例如，我所做的许多民族志研究，都使用了**合作民族志**（collaborative ethnography）的方法，采取了民族志访谈的形式；在这一方法中，报道人完全参与到研究过程（包括田野调查与书写民族志）

90

中来（参见下一节）[30]。合作的方法可以有效地运用多种形式达

到这一目的——比如，使用焦点小组讨论、社区评论板、社区论坛和民族志学者/报道人合作小组（他们可以共同研究并撰写民族志）。[31] 我还会在下文谈到合作民族志，但最终，合作的方法就像大多数民族志方法一样，是在同我们的报道人不断的密切交谈中，建立起对所研究文化的理解。

89

● **此时此地的人类学**

在当今最有趣和最吸引人的合作民族志研究中就有新奥尔良大学（University of New Orleans）参与合作的邻里故事项目（Neighborhood Story Project）。这是一个运用合作民族志研究取向的、基于社区的著书项目。社区成员与邻里故事项目组工作人员组成团队，一起研究并撰写“由我们自己讲述的故事”。您可以登录 www.neighborhoodstoryproject.org（访问时间为 2014 年 1 月 9 日），了解他们的工作、他们许多成功的著作以及其他故事项目。

90

总而言之，民族志（通过参与）经历了以下进程：从进入田野，到文化震惊，再到建立和谐关系。“理解文化”建立在直接经验和参与的基础之上，但最终它还是要依赖密切的观察和多种民族志方法的使用，这其中最重要的就是在谈话中与他者建立密切关系。因此，从广义上讲，参与观察使我们得以在一个非常个人、亲密和特殊的层面上，去理解文化的相似点和差异。

图 3-8 学生民族志作者杰西卡·布思（Jessica Booth）在访谈老马特尔·温伯恩（Martel Winburn Sr.）牧师以完成合作民族志《中镇的另一面：探索曼西的非裔美国人社区》（*The Other Side of Middletown: Exploring Muncie's African American Community*）。照片由丹尼·加沃夫斯基拍摄

民族志作为今天的一种书写类型：关于书写民族志

通过田野工作了解文化与采用民族志书写文化，是两个截然不同的过程。参与观察或许会向我们揭示文化的内部含义，但是一旦要将其书写下来，就迫使我们必须把这种理解清晰明白地表达出来。在撰写民族志时，我们不得不问这样的问题：随着了解的深入，我们该如何描述另一个社会、社区或群体？我们如何把“理解文化”（可能只是部分的理解或刚浮现的想法）转化为书面文本？

91

就如我先前提到的，人类学家的写作具有特定的文学体裁范围。曾经，人类学家像马林诺夫斯基一样，通过详细阐释文化每个假定的组成部分，来解决描述文化的问题。但是，如我所述，今天的大多数人类学家都反对“文化可以划分为几个明确的组成部分”的观点；如今，很少有民族志按照这种方式来写。不管怎样，民族志就像所有著作类型一样，仍由章节、段落和句子组成，仍要在民族志的传统内将其组织起来；而这一传统的特点是有一套自己的假设和目标来界定民族志文本的边界和轮廓。

尽管人类学家现在撰写民族志时会考虑很多目标，但其两个最终目标仍然是：首先，阐释文化多样性，以及文化在人们的生活中所起的作用；其次，教导我们自身，无论是作为个体、群体还是社会，无论在世界的哪个角落。[32]

下面我将回到我的人类学故事，继续深入地阐释这些观点。首先，阐释文化多样性以及文化在人们的生活中所起的作用。在马林诺夫斯基对特罗布里恩岛民的关键研究之后的几十年间，许多民族志学者（包括博厄斯和他的学生们）都质疑马林诺夫斯基的文化功能理论方法的有效性，也就是怀疑它是否完全基于人类的心理需要。尽管站在西方视角或者学术视角，这一解释（这或许就是马林诺夫斯基最有力的观点，并由此获得了广泛的读者群）看起来非常合理，但这显然是基于民族志学者的立场而得出的观点。以马林诺夫斯基对巫术的解释为例，他认为巫术因解释了不确定性而满足了普遍的心理需要，从而产生了功能。这种以心理学为基础的方法，实际上比“本地人观点”更能告诉我们关于自己的一些事以及我们因为怀疑巫术而做出的假设。尽管马林诺夫斯基在那时提出的观点也很具有创新性，还展开论述了特罗布里恩岛民的看法，最终他却采用了一个非常民族中心主义的框架来撰写他的民族志：他认定巫术“不是真的”，并试图用理性模式去解释它。[33]（我会在第7章中继续讲到这一方面。）

92

当然，无论是过去的民族志学者，还是现在的民族志学者，都无法彻底摆脱民族中心主义，因为他们毕竟要把文化转化为那种符合欧美书写传统的文本。[34]而且，任何地方的任何人，都会或多或少地存有民族中心主义。即便如此，许多民族志学者仍然开始反思：人们如何在他们自身的思想下，用他们自身的语言，去解释自身的文化实践？他们的解释跟局外人的解释又有什么不同？这些民族志学者问道：如果民族志的目标是阐释文化多样性，那么难道民族志在展示非西方的解释文化表达（如巫术、宗教或经济）的方式上没有发挥作用吗？[35]就拿特罗布里恩岛民来说，他们并不用西方的心理学来解读巫术，而是对此有自己的一套看法和判断，我们应该试着像理解巫术本身一样去深入地理解它们。

在20世纪50年代到70年代，许多民族志学者越来越对人们如何像演员一样在文化系统中表达和塑造他们生活中的意义感兴趣。在文化塑造人们经验的同时，人们反过来又是如何塑造和重塑他们生活的这个更大的意义系统的？民族志学者的中心任务，开始关注于理解像巫术这样的文化实践如何向那些实践文化的人表达意义，而不是它如何在民族志学者强加的心理学模型中产生意义。

有一种采用这种文化书写方法的民族志研究类型被称为**民族科学**（ethnoscience），这种民族志重点记录通过语言表达的文化知识。民族科学学者会区分这种自我创造的知识（例如特罗布里恩岛民如何解释巫术）与局外人强加的解释（例如马林诺夫斯基如何用普遍功能的观点来解释特罗布里恩岛民的巫术）。他们称前者为“主位”（emic）知识，称后者为“客位”（etic）知识。[36]

或许，信奉并传播这种方法（尤其是向学生传授）的最著名的人类学家之一，是民族志学者詹姆斯·P. 斯普拉德利。他曾这样写道：

> 民族志本身是为了记录另类现实的存在，用它们自身的术语来描述这些事实。因此，它能够纠正西方社会科学理论中存在的偏见……
>
> 从本质上来说，民族志并没有摆脱文化的束缚。然而，它却提供了对人类创造的一系列解释模式的描述。它也可以作为一种信号灯，为我们揭示出社会科学理论本身的文化局限性。它对所有人类行为的研究者说：“在把你的理论强加给你的研究对象之前，你应该先了解一下那些人是如何定义这个世界的。”民族志可以详细地描述民俗理论，这些理论已经在很多代人的实际生活条件中得到了检验。而且，随着我们不再从专业科学文化的角度，而是从其他角度去理解人格、社会、个体和环境，它也引导我们走向一种认识论上的谦虚；我们开始意识到自己的理论具有不确定的本性，这也让

93

我们能够不断对其进行修订，得以更少带有民族中心主义。[37]

斯普拉德利由此得出结论：我们作为文化的学习者，应该发现基于所研究社会、社区或群体的解释，而不是屈从于我们自身的民族中心主义视角。他像大多数民族科学学者那样解释道，为了做到这一点，语言是揭示他者如何勾画周围世界、产生行为、表达和阐释经验最有力的方式之一。[38]

我在读本科时进行了自己第一项民族志研究，其中使用了斯普拉德利的模型。我发现，匿名戒毒会的成员都使用他们共有的毒品成瘾和康复文化中的特定词汇和表达。像“上瘾”“干净”“放手，让上帝来”等语句，对他们来说都有特殊的含义。针对这些表达，我对我的报道人进行了访谈，由此我可以更好地理解这些表达对他们的经验来说是如何特别，反过来这些表达又是如何反映并塑造了一个围绕毒品成瘾及康复而形成的更大的意义系统。因此，语言不仅能够为我们提供了从他们的观点来了解毒品成瘾和康复的窗口，而且重要的是，它也为我提供了撰写民族志所使用的分类结构。我并没有按照自己对“文化组成部分”的假设去组织民族志，而是按照我的报道人在他们的谈话中所使用的分类去组织。

94

当时，这种民族志调查和书写的方法将民族科学同其他民族志区分开来，使其获得了“新民族志”之称[39]。大约就在民族科学被称为“新民族志”的同时，另一种研究文化和书写文化的方法也非常能体现人类学家如何书写民族志（事实上，它比民族科学更胜一筹）。这一方法称为**象征人类学**（symbolic anthropology，又译为“符号人类学”），同样出现在20世纪50年代，一直持续到70年代。它在关注文化中的个人行为方面和民族科学具有相似之处，但除此之外，它还关注人们如何有效地协调文化象征符号，即人们赋予其意义的文化表达（语言和非语言的）。象征人类学家不仅研究由语言所表述的经验，也考察在公共仪式或庆典（如国家节日）、关键符号（如国家的国旗）或文化隐喻（如全民娱乐）中，经验是如何表达的。[40] 人们如何通过这些象征协调经验，是象征人类学家的关注重点。[41] 并且，象征人类学家在书写他们的民族志时，必定会采取这种形式：一个完整的民族志文本可能是基于对某个节日、一面国旗或一种国民消遣（或者是三者的相互关系）的研究。[42] 然而，研究重点并不完全在于符号本身，问题的核心在于这些符号如何为我们指向人们定义并协调的更深层次的文化意义（包括口语和非口语交流）。比如，美国电影中就表现了大量美国文化。它们之所以有着相似的故事发展脉络，是因为它们精心（或不那么刻意地）展现了文化中的关键要素，比如我们对浪漫爱情的假设，或者我们对善恶冲突的深刻文化依恋。通过将美国电影作为民族志来研究，我们可以更多地了解美国文化：人们如何阐释并协调这些文化符号，这些表达如何反过来影响人们思考生活的意义并据此行事的方式。[43]

象征人类学对我们来说非常重要，很值得我们思考，是因为象征人类学家克利福德·格尔茨（Clifford Geertz）几乎单枪匹马地促成了一项重大转变，即民族志学者应该将书写民族志首先看成一项阐释任务。[44] 格尔茨认为，文化形式，如公共仪式、国旗或某个节日，都是符号体系，人们基本上都是围绕它们来建构自己的文化故事，也就是说，人们经常为**自己讲述自己的故事**。不妨回顾刚才美国电影这个完美的例子。在美国电影中，我们一遍又一遍地歌颂诸如浪漫爱情的本质与结果这种特定的主题，似乎永远乐此不疲。

95

鉴于文化形式或符号形式本质上是基于文化的故事，格尔茨认为，书写民族志的方法应在思想上遵循这一假设。理解文化仿佛阅读一本书。书和文化系统均由象征符号组成，都要被**阅读**和**阐释**。格尔茨在 1973 年这样写道："一个民族的文化就是一个文本的集合……人类学家尽力从真正属于这一文化的人的视角去解读它们。"[45] 格尔茨的言外之意就是，民族志学者应该将自身看成文化的阐释者或翻译者[46]。鉴于任何文化形式都可以有大量的阐释，也能从许多不同角度加以"解读"，格尔茨又补充道，民族志（因而民族学）最好是被当作一种"对话"——这是他的一个比喻，意思是，比起自然科学、物理科学或实验室科学，民族志似乎更适合人文学科。[47]

图 3-9　克利福德 · 格尔茨

在进行这些讨论时，格尔茨为博厄斯的"文化相对论"和马林诺夫斯基的"本地人观点"提供了新的见解，并由此把民族志转移到了文学和阐

图 3-10 棒球不仅是一项体育活动，还是表明更深层文化意义的强大符号。照片由丹尼·加沃夫斯基拍摄

释艺术的领域。他为民族志开创了更为广阔的书写方法和路径。96 到了 20 世纪 80 年代和 90 年代，许多民族志学者甚至把格尔茨的模式——称为**阐释人类学**（interpretive anthropology）——推向了更深的文学和艺术领域：他们开始对传统的民族志书写模式进行实验，以寻求更全面地表现民族志研究和撰写的复杂性。[48] 例如，作为人类学家和民族志学者的芭芭拉·特德洛克（Barbara Tedlock），将传统民族志与文学方法相结合，形成了“自传”和“小说”的形式。在其名为《美丽与危险：同祖尼印第安人的对话》（*The Beautiful and the Dangerous: Dialogues with the Zuni Indians*）的民族志中，她讲述了自己同她的祖尼主人之间的友谊，像写自

传或小说一样构建叙事框架。她没有把文化当成一个边界清晰的系统，而是带领我们一道走过她多年来了解祖尼人的历程。特德洛克引导读者明白这样一个道理：认识另一个群体或社区是一个过程，一个最终靠民族志学者同其东道主之间的亲密关系构建的过程。[49]

这种将文化呈现为一个意义的象征系统的实验最终必然成为民族志撰写的主流。事实上，这种**实验民族志**（experimental ethnography）在今天仍然广为使用。[50] 但重要的是，这种实验催生出了大量不同的形式，比如我在本章上一部分曾经谈到的合作民族志。在这种方法中，民族志学者和报道人可以一起界定研究问题，列出某个研究的轨迹，甚至共同解读所发现的研究结果。民族志学者已经使用这种参与式方法（有时这么说）很多年了，但是不同于其他参与式方法，合作民族志在民族志书写过程中也会有报道人的参与。如此，这种方法把民族志学者和报道人双方的多元经验、观点和兴趣都调动起来，合作开展研究并撰写民族志。[51] 举例来说，当我还是鲍尔州立大学人类学副教授时，我开始对著名的"中镇"研究产生兴趣。这项研究是在印第安纳州的曼西（Muncie，正是鲍尔州立大学的所在地）进行的，最早开始于罗伯特·林德和海伦·林德夫妇（Robert and Helen Lynd）1929 年出版的专著《中镇：当代美国文化研究》（*Middletown: A Study in Modern American Culture*）。我的研究兴趣最终与当地非裔美国活动家、前印第安纳州议员赫尔利·古多尔（Hurley Goodall）不谋而合，他对于纠正早期中镇研究和对曼西的后续研究中缺少非裔美国人经验这件事很感兴趣。如果说曼西在某种程度上代表了一类典型的美国城市，如有些人曾提出"中镇美国"（Middletown USA）的说法，古多尔问道，为什么非裔美国人在这段历史中不在场？[52]

97

一场博物馆联展、社区－大学剧场建设以及历史照片项目，引发了对这些议题的更深层次讨论。古多尔、曼西社区成员、我、民俗学家伊丽莎白·坎贝尔，以及鲍尔州立大学的其他同仁和学生一起探讨合作性的民族志研究方法如何可能改善中镇文献中的这一问题[53]。我们的讨论最终形成了民族志《中镇的另一面》，其中许多内容是由本科生和曼西社区的顾问合作完成的[54]。正如书中所描绘的，教师、学生和社区成员一起探索曼西黑人社区那些未被记录的历史，美国小镇中关于种族和种族主义的恒久遗产，以及当代中镇非裔美国人经历的许多侧面，包括最早1929年林德夫妇的研究中所呈现的那些内容，如工作和家庭生活、学校教育、闲暇时光、宗教活动和社区活动。在此框架内，民族志呈现为一种互相协作的关于种族关系的历史与现状的对话，由黑人和白人学生、教职工和社区成员共同参加，他们所有人都团结合作，努力理解在曼西，甚至在更广泛的美国的深层次种族经验的复杂性。[55]

98

● 此时此地的人类学

您可以通过登录鲍尔州立大学数字媒体库，获取《中镇的另一面》的学生作者所完成的真实访谈资料，网址是

97

图 3-11 学生民族志研究者米歇尔·安德森（Michelle Anderson）正在与社区顾问多洛雷丝·莱因哈特（Dolores Rhinehart）讨论《中镇的另一面》的书稿进展。照片由丹尼·加沃夫斯基拍摄

98

libx.bsu.edu/cdm/landingpage/collection/MidOrHis（访问时间为 2014 年 1 月 9 日），点击“Other Side of Middletown Oral Histories”获取录音和相应的文字整理稿。

因为《中镇的另一面》中的协作关系包含了一种特别的对话，涵盖了一系列特殊的议题，聚拢了一群特定的参与者，所以这部合作民族志在同类型中是非常独特的。然而它又像大多数合作民族志一样，呈现出非常具体的实验性外观，并因此如其他实验性类型一样具有广泛的多元性。尽管是这样，合作民族志和书写民族志的其他实验性方法共有的基本设想是格尔茨开创的阐释文化取向。

格尔茨和实验民族志学者以一种阐释的视角来看待民族志，对人类学家提出了挑战，并由此提醒我们，不管作为民族志作者还是民族志读者，我们总是通过自身的经验来走进民族志。这是我们最终阐释自身经验和他者经验的基础。撰写和阅读民族志通过对他者观点的理解，拓宽了我们阐释的视野，但最终我们作为民族志的作者兼读者，仍然是阐释进程的一部分。[56] 简而言之，从研究民族志和阅读民族志中，我们也能获得对自身作为个体和社会的理解，这是民族志的第二个关键目标或意图。

格尔茨和实验民族志学者当然不是最先指出这一点的人。事实上，我上文提到的民族志的第二个目标，即教导我们自身，一直内含于民族志的目标和意图中。你只要回忆一下之前引过的马林诺夫斯基的话所隐含的意义就能明白，“若我们怀着敬意去真正了解其他人的基本观点……我们无疑会拓展自己的眼光”[57]。玛格丽特·米德，博厄斯的学生之一，把民族志这第二个目标在民族志撰写中成功地展现了出来。[58]

99

1928 年，米德写下了《萨摩亚人的成年》(*Coming of Age in Samoa*)，这是一部有关南太平洋萨摩亚人青春期的民族志。就像博厄斯走进因纽特人、马林诺夫斯基走进特罗布里恩岛民一样，米德走进了萨摩亚人的青春期。但是重要的是，米德在这部民族志中用一整章来说明，了解萨摩亚人的青春期对美国人有什么意义。[59]

图 3-12 玛格丽特·米德

在米德的研究问世之前，科学家和外行人都认为，青春期主要是一种生物性体验，于是他们就得出青春期的经验在世界各地都一样的结论。按照这个逻辑，人们认为每个十几岁的青少年都会因为身体上的飞速变化而经历一个混乱不安的时期。然而，米德发现，萨摩亚的青少年却对青春期有着非常不同的体验。萨摩亚人的青春期不是以担心和不适为特点的混乱不安时期，而是那种无论孩子还是父母都非常向往的时期。米德由此提出这样一个观点：青春期是一种文化建构；尽管美国人和萨摩亚人在青春期的体质变化上非常相似，但体验却截然不同。追随博厄斯的观点，米德认为，美国人同青春期相联系的行为，并不是以生物性为基础的，而是美国文化特有的。

米德用这本书来指导美国人，尤其是美国的教育者和父母。她认为，由于文化是习得的，美国人可以学会以不同于以往的方式处理青春期问题。如果萨摩亚人可以轻松地度过青春期，美国人同样可以。青春期不一定非得是一个从童年到成年的动荡叛逆的过程。我们能够重新塑造它，因为它是习得的，并且是由文化塑造的。[60]

在 20 世纪 50 年代到 60 年代，米德的著作在美国广为流行。

像其他民族志学者一样，米德的研究阐释了文化多样性及文化在人们生活中的作用；但更重要的是，她的民族志也直率地表达了对美国社会的批评。米德选择的描述文化的方法将民族志放在了一种文学体裁中，试图直接挑战美国人对自身的认识。这一方法通常被称为**文化批评**（cultural critique）。因而，可以说这本书既是关于萨摩亚人的，也是关于美国人的。[61]

米德的著作遭到了一些尖锐的批评，称其青春期体验完全由文化决定的观点言过其实。[62]但是，她的书写方式（尤其是面向人类学专业之外的读者）和她的文化批评的方法（尤其是针对民族志学者的"本土"社会，无论什么地方），都对民族志的撰写产生了深远的影响；特别是今天，民族志学者正在探寻向更广泛的读者群表达更大更相关的文化批评的方法。[63]事实上，尽管并非每部民族志都像米德的《萨摩亚人的成年》那样明显以文化批评为目的，但文化批评仍然至少隐含在每部民族志的字里行间。例如，在我的第一部民族志《基奥瓦歌曲的力量》（*The Power of Kiowa Song*）中，我针对美国人对美洲原住民的普遍看法提出的文化批评，奠定了从基奥瓦报道人自身的观点去探索其音乐力量的基础。我讲述了自己青少年时期参加美国童子军和美国印第安人爱好者运动（American Indian hobbyism，一项主要由具有盎格鲁血统的美国人参加的流行运动，关注美洲原住民的舞蹈和歌唱）的经历，是如何作为我 20 岁出头进入人类学领域的背景的。因为这些经历，我带着对基奥瓦群体的臆断进入基奥瓦群体，但是发现这些想法与我的基奥瓦报道人的生活方式及阐释生活的方式极

100

101

图 3-13　文化批评是许多民族志的重要组成部分。比如，在《基奥瓦歌曲的力量》一书中，我认为，多数有关印第安人的想象，都集中在美国人如何将他们所能看到的和他们期望看到的优先于其他感官。事实上，许多美国人获得的有关印第安人的知识，一直都是基于具体的观察，而不是基于以其他方式参与美洲原住民群体的经验。例如，在俄克拉何马州西南部的基奥瓦群体中，可以听到的力量，尤其是语言、叙事和歌曲的力量，都要胜于可以看到的。因此，受托传播基奥瓦“声音的世界”的个人，如歌手（图中所示），就对群体至关重要。照片由作者本人提供

为不同。我在走近基奥瓦人时，怀着一箩筐对美洲印第安人的复杂想象。这些想象与我及我的背景经历有着极大的关系，跟美洲原住民的经验反倒没有多少联系。我把这个故事写了下来，紧挨着同基奥瓦报道人之间富有批判性的对话，以促进对我们社会中这个几乎普遍存在的问题的文化批评，这个问题真正阻碍了大多数美国人深入理解美洲原住民的文化多样性。我发现，对许多基奥瓦人来说，那些深层次的东西与对印第安人的流行观点没有什么关系，而是围绕着理解语言、叙事和歌曲在当代基奥瓦文化中的重要性和影响力。[64]　100

民族志对我们的启示：它对什么有益？

本章中我探讨了关注并理解文化复杂性的重要性。我们可能会欣赏文化概念本身，但是如果没有民族志，文化研究就是不完整的。因为民族志力争从多地点、多视角和多种书写方式来体现“本地人观点”（虽然不能完全达到），它最终为我们展现了关于人们如何在日常生活中分享和协调意义的“基本资料”。因此，它教给了我们一些关于自己的东西。　102

由此看来，民族志的方法是与众不同的：我们在了解他者的同时，也在了解自己；反过来，我们也可以通过了解自己来了解他者。最终，民族志为我们展示了人类生活（既有我们自己的也有他者的）的实际复杂性，从对彼此的感知（基于直觉和民族中心主义）转化为对彼此更深层次的理解（基于我们称之为“文化”

的知识哲学）。瓦格纳总结道："民族志，通过对一种文化的描述，促使另一文化的成员更好地理解这一文化，促进人们相互之间的理解。对一种文化及其成员如同纸板剪贴画般的刻板印象，已经让位给更加丰满立体的肖像画，包含着矛盾和不一致。"[65]

第二部分

民族学：一些人类问题

109

第4章　历史、变迁和适应：关于当今世界体系的根源

- 开始：适应、文化和人类生存
- 采集、狩猎和迁移：寻找食物
- 动植物的驯化
- 农业和国家的出现
- 农业发展趋势和现代世界：对当今世界的启示

对全球70多亿人生存的真正威胁，更多地与政治和经济相关，而非“道德败坏”“缺乏充足的资源”或者其他流行的假设。

回想一下，在第2章我曾提到，人类学家可能会研究个别社会、社区或群体，如日本家庭或美国南部的新教教堂，但其最终目的都是更深入地理解更大的文化议题，例如种族和民族，宗教，政治和经济，亲属关系、婚姻和家庭，生态，性别，或是暴力、冲突及和平的本质。在对文化的民族学研究中，这些都是人

类学家最终感兴趣的更大的人类议题。这是因为，文化的相似性为人类经验架起了沟通的桥梁，通过比较可以更好地理解这种相似性，凸显出更大的人类模式和关系。

在本书第二部分，我开始讨论更广泛的人类文化议题。我们可以对这些议题进行跨文化比较，这是一种建立在民族志基础上的研究方法。在接下来的三章中，我计划介绍人类学家所探索的众多人类文化议题中的三个：性别，婚姻 / 家庭 / 亲属关系，以及宗教。但是首先我需要阐明所有人类议题所处的更大背景：一个更大的不断演变的**世界体系**（world system）。

众所周知，我们的世界每天都在不断变小，我们生活在一个难以置信的复杂多面的世界中，**全球化**是 21 世纪生活的一个基本

110

图 4-1　北京一家沃尔玛超市的景象。照片由丹尼·加沃夫斯基拍摄

事实。但是我想从人类学的视角—— 一个既考虑世界体系的历史轨迹，也涵盖世界上所有社会（无论是过去的还是现在的）的视角——来讲述这个故事。许多人类学家都认为，包含政治体系和经济体系在内的世界体系正如我们今天所了解的那样，是一种更大的不断变迁的世界文化。这将是我们的理论出发点[1]。

开始：适应、文化和人类生存

我们今天所处的世界体系的文化，起源于10 000—12 000年前随农业发展而发生的事件。尽管我们的现代世界是在工业主义和资本主义的近代历史中建立的，但是我们今天所面临的人类问题，包括人口过剩、贫穷、饥饿、贫富差距及日益加剧的民族冲突等，却早就埋下了种子。不过，我在这里说得有点太心急了。[2]

为了让你对我将要讲述的内容有所准备，我准备讨论农业出现前后的人类适应情况，定居生活的后果（尤其是经济贸易引发的互相依赖），复杂文明的不断兴起与衰落，人口增长问题，最后则是怎样在一个仍然不断变化的文化框架内理解我们当前世界体系的产生。我的目的是为你展现世界人民现在生活所处的广阔文化背景。在对性别、婚姻/家庭/亲属关系、宗教进行更为细致的专门研究之前，我们必须理解和欣赏这个更大的文化背景。

111

就像所有精彩的人类学故事一样，世界体系的故事也是跌宕起伏和变动不居的。它是一个有关生物适应和文化适应、自然选择和繁殖的故事。像其他生物有机体一样，人类的身体和行为特征不断进化，使人类自身得以生存和繁衍。同样，像其他生物有机体一样，我们过去和现在同物质环境的关系都是通过包括自然选择、变异和其他生物进程在内的复杂进化过程所调节的（见第1章）。但跟大多数生物有机体不同的是，人类和环境之间的关系还通过另一个过程加以调节，那就是文化。

回想一下第2章中对文化的定义：从人类学意义来讲，文化是一个共享和协调的意义系统，通过人们习得的知识而传达，并通过阐释经验和产生行为而付诸实践。尽管我采用了这一定义，并且还会在随后的章节中广泛使用，但它现在已经足以说明：在一般意义上，人们使用他们在物质世界的生存经验中习得的知识，并运用社会手段将这些知识传递给下一代。事实上，作为人类，我们完全依赖这一基于文化的进程。人类不是一生下来就知道如何打猎、如何取火，或者如何烹饪；他们也不是一生下来就知道如何交谈、如何读书，或者如何使用电脑；他们也不是一生下来就懂得如何治病。没错，（一般来说）人类集体（collective）记忆这些知识是为了生存。没有它们，我们早已不复存在。为了生存，我们繁殖、变迁、积累知识，并将其代代相传。从理论上来讲，这一过程称为**文化再生产**（cultural reproduction，与生物繁殖相对应），它似乎是现代智人的早期祖先（当然，那是另一个故事了）在大约200万年前的人类进化中的一种适应方式。[3] 之后，文化就像自然选择一样，一直协调着我们同周围环境的关系，无论我们是谁。它就像我们和周围环境的中介、媒人和联络者。

当然，文化也并不总是适应的，常常会产生和复制一些适应

112

不良的（maladaptive）活动，威胁到人类的生存，而不是提升人类的生存能力（你只要想一下环境污染就会明白这一点）。不过，一般来说，我们用文化来适应、繁殖，并以一种不同于任何其他生物的方式生存。有了文化，我们就有了巨大的灵活性（在长期努力之后）来适应、繁殖和变迁。事实上，我们已经学会了适应几乎任何可能的气候，现在可以在地球上几乎任何地方生存和繁衍。这就是我这个故事的精髓所在。

图 4-2　文化不只是适应人类生存，有时也会产生适应不良的实践。例如，移山挖矿（如图）——从字面来理解就是揭开山顶来挖煤——对环境和居住在山顶迁移点周围的当地群体造成了毁灭性的和无法挽回的破坏。照片由维维安·斯托克曼（Vivian Stockman）拍摄，蒙俄亥俄河谷环境联盟（Ohio Valley Environmental Coalition）的允许

采集、狩猎和迁移：寻找食物

最早为人们所知的文化适应，开始于人类学家所称的采集狩猎（foraging），它大约早在150万年前就已经出现了，正好是在智人出现之前。[4] 通过群体合作，人们采集野生植物，狩猎野生动物（包括那些水里游的和天上飞的）。他们生活在小型的非定居群体中（通常不过几十人），不断更换宿营地。男人通常是狩猎者（无论猎物大小），但并不是绝对的；妇女通常是采集者（采集野生植物为食物，如坚果、浆果，还有昆虫），但也不是绝对的。他们获得的食物主要由采集食物组成，肉类只是食谱中的补充。这就是为什么一些人类学家更倾向于把这种生计方式称为"采集狩猎"（gathering and hunting），而不是更为流行的术语"狩猎采集"（hunting and gathering）。[5]

113

这听起来似乎是一种没什么前途可言的生存状态，但是人类学家了解到的情况可能会令你大吃一惊。采集狩猎是人类适应对策中最稳定的一种形式。事实上，在10 000—12 000年前，全世界人口都是采集者和狩猎者。今天，世界上这样生活的人已经很少，主要是因为现代**民族国家**实行的强制定居。[6]

我们对采集狩猎的了解，大都来自过去几十年对现代采集狩猎者所做的深入的民族志研究。自20世纪50年代以来，人类学家曾深入研究过的群体就包括非洲南部的昆人（又称Ju/'hoansi，意为"真正的人"）。昆人是一个名叫桑人（San）的更大群体的一部分，桑人今天的人数已超过9万。尽管几乎所有昆人在20世纪50年代都是采集狩猎者，但是今天已经没有人专门以此谋生了。[7]然而，世人最受震动的事情之一是昆人采集狩猎的生活方式是多么健康。大多数学者和外行都把采集和狩猎看成是肮脏野蛮的日复一日的生存斗争。但是事实表明，这些人（如昆人）有着和大多数现代美国人一样良好甚至更合理的饮食结构。大家不妨思考下面这项研究。

理查德·李（Richard Lee）是一位民族志学者，他在20世纪60年代密切跟踪和测量了昆人的饮食，得出以下结论："肉类和蒙刚果（mongongo）构成了饮食的主要部分，分别占到总量的31%和28%。大约20种根、瓜、树胶、球茎和干果……组成了剩下的41%。总之，昆人的劳动可以提供每人每天2 355卡路里的食物能量，以及96.3克的蛋白质……这一热量水平足以支撑昆人中的朵贝（Dobe）一支所需，让他们在不减重的情况下过着精力充沛、积极活跃的生活。"[8]

114

● 此时此地的人类学

桑人今天生活在非洲南部的一些国家，如纳米比亚（Namibia）和博茨瓦纳（Botswana）。自他们在20世纪中叶作为采集狩猎者被广泛研究至今，桑人的生活已经发生了巨大的变化。许多研究桑人或直接同桑人共事的人类学家在变迁时期也同样扮演着倡导者的角色，帮助开发了一些能够直接利于桑人和该地区其他原住民的项目。其中，卡拉哈里人民基金会（Kalahari Peoples Fund）这个组织开展了多个项目，内容涵盖了从水资源和土地开发到向桑人介绍计算机及互联网等多种主题。您可以通过登录 www.kalaharipeoples.org（访问时间为 2014 年 1 月 9 日），了解更多关于该组织及其项目的信息。

关于昆人和其他采集狩猎群体，还有一件令许多人震惊的事。他们付出相对较少的劳动，就能获得过上舒适生活所需的食物。李对这一点也进行了专门研究。平均而言，男人一周内的所有劳动用时是 44.5 小时，包括狩猎、制造工具和“做家务”（如李所写，“准备食物、宰杀猎物、打水和收集柴火、清洗器皿和打扫居所”）；所有妇女的每周平均劳动时间是 40.1 小时，包括采集、制造工具和“做家务”。男女综合平均劳动时间是 42.3 小时。[9] 而我们现在每周单单在工作地点的工作时间就有 40—60 小时（至少这么多），这还不包括家务劳动时间（比如修剪草坪、清洗厕所或修理东西等）。相比之下，昆人采集狩猎的生活方式看起来更加轻松惬意，难道不是吗？事实上，确实如此（过去也这样）。李介绍说，昆人绝大多数时间都在休闲度日：吃东西、休息、同孩子玩耍和相互拜访。他写道：“总之，我们可以从昆人生存方式的研究中获知，无论人们［对采集狩猎者］有什么刻板印象，昆人不需要非常努力地工作就能生活得很好。我们无法摆脱自身民族中心主义的想法，认为他们的生活必

图 4-3　20 世纪的昆人

然是一种为了生存的无尽挣扎，把我们西方的适应方式置于成功
115 的巅峰，而把所有他者都置于第二、第三及以下的位置。如果按照这样的标准来判断，那么昆人注定是失败的。但若依据他们自己的条件来评价，他们做得相当棒了。”[10]

对比其他许多相关研究，似乎李从昆人那里了解到的情况，同样适用于其他采集狩猎者。[11] 我们现在都知道，总的来说，人们（包括个体和群体）今天所付出的劳动远远多于以前。50年前是如此，似乎数百年前甚至数千年前亦是如此。随着农业的出现，人们开始更努力地工作，以获得他们的生存所需；而且这一趋势一直未停止。但是我又一次太心急了，我们还是先回到采集狩猎的故事上来吧。或许这会令我们惊异：昆人和其他采集狩猎者没有如我们可能认为的那样非常刻苦地工作，但仍可以得到过上舒适生活所需要的东西；此外，他们还健康得出奇。更令我们惊讶的是，他们没有像中世纪、工业革命时期甚至当今世界的人们一样遭受疾病的折磨。其中的秘密就是迁移。比如，尽管桑人可能有成千上万，他们却从来没有作为一个整体共同生活在某个地点（直到最近才有变化）。回想一下，采集狩猎生活方式的一个特征就是，人们生活在小型的、非定居的流动群体中，不断地从一个居住地迁移到另一个居住地。这就是昆人的情况：他们生活在小型的流动群体中，过着采集和狩猎生活，而不是像一个庞大的群体那样移动。所以，昆人像大多数采集狩猎者一样，从不聚集成群地长期生活在同一地点，这样任何疾病都不会轻易地在他们中间扩散和传播开来。尽管传染性疾病可能还是会感染这些小

型流动群体中的一个或多个人，导致一些人死亡，但由于小型流动群体间存在人口和地理空间上的距离，所以疾病就不会扩散到整个人群中。[12] 人类学家对这种组织类型，即那些生活在小型非定居的流动群体中的采集狩猎者，有一个专门的称呼——**游群**（band）。

游群除了指代小型流动的采集狩猎群体，也描述了一种特定的社会、政治和经济组织。当人们以这种方式组织起来，像以前的昆人那样以小型流动群体进行迁移时，特定的社会、政治、经济模式就会重复出现。有趣的是，在人类学家所知的几乎所有采集狩猎社会中，社会、政治和经济关系都有非常相似的特点。[13] 我们来思考一下这三个方面。

116

首先，在社会意义上，游群不是一群人偶然聚到一起，他们几乎都是围绕**亲属关系**（kinship）组织起来的。也就是说，游群中的每位成员，都几乎和其他所有人存在血缘或姻亲关系。游群之间的社会纽带同样建立在亲属关系基础上。例如，男人和女人都可以与游群外的人结婚，因为他们可能和同一游群其他成员的血缘关系太近了。这巩固了各个游群间的联系，每个游群都以亲属关系为纽带同其他游群相连接。[14]

其次，从政治上来讲，游群中的领导权是非常松散的。领导决策大多由游群中的长辈成员（通常是男性）来完成。除了性别之外，领导角色取决于年龄、个人能力和积累的威望，不像其他一些社会那样是天生注定的（例如基于出身或王权）。因为，游群内相对来说是人人平等的，任何上年纪的长辈都可能成为领导者。（这一规则也有例外，但我们极少在游群中发现，比如说，那种农业社会中的子承父权的情况。）游群的领导者可以决定在何处驻扎或者何时狩猎，但是这些领导者却没有真正的权力：他们无法强令他人遵从违背自己意愿的命令。一旦发生冲突，任何人都可以离开这个游群，加入另一个游群，就像加入近亲或远房亲戚家。在昆人这样的大多数采集狩猎族群中，因为这种人口流动性，任何一个游群的社会和政治构成都在不断变化。[15]

最后，游群总体的生存与健康，极其依赖一种特定的经济交换类型。我这里所谓的经济，指的是人与人之间如何获取和分配资源。在游群内部，通过一种**互惠**（reciprocity）体系，任何一个成员都有机会享受到所有资源（猎得的肉、采集到的果实）。互惠指的是两个人或多个人之间进行的非货币形式的商品和服务的交换。

这里我来详细解释一下。对于像昆人那样的采集狩猎者来说，当一个游群中的所有男人外出打猎时，每个人都明白不是所有人都能打到猎物。因而，无论是谁带回了猎物，都必须和整个群体分享。以我为例，假如我这次没有带回猎物，但是我的兄弟可能有所收获，这样我的家人和我自己都会得到一些食物；如果我带回了猎物，那么我也必须和每个人分享。

117 因此我们可以说，任何一个成员的财富都属于整个游群。但是，这种互惠却不是那种很酷的“公社”，它要比后者稍微复杂一点。例如，在一些采集狩猎群体中，分享会根据亲属关系的亲近程度进行评判。也就是说，你我的关系越亲近，你从我的猎物中分得的肉就越好。但是，与许多其他事情一样，种瓜得瓜种豆得豆，这种分享在大多数采集狩猎社会的长期发展中趋于平衡。因此，互惠是一个交换体系，处于采集狩猎游群的生存核心。没有了这些商品和服务的交换（和对互惠的不断期望），游群的社会体系和政治体系都会崩溃，随之崩塌的就是一切，包括完美均衡的膳食和较短的工作时间。我想指出的是，互惠的运作方式多种多样，采集狩猎者同样可以参加其他形式的互惠交换，比如贸易。当然，包括你我在内的所有人，都时时刻刻处于互惠交换体系中（例如，我们邀请一些人来吃晚餐，过后他们也会邀请我们一样），但重要的是，采集狩猎者依赖互惠而生存。[16]

动植物的驯化

大约10 000—12 000年前，一些人类群体开始抛弃这种专门的采集狩猎生活，转而采取培育植物和驯养动物来获取食物。我之所以说到驯化实践，是因为我所知道的有关采集狩猎者的一切，都指向了这种可能性：人们可能很早就知道**驯化**（domestication）这回事，但却选择不这么做。比如说，昆人这样的采集狩猎者显然在与定居人群有过接触以后就知道了耕作，即使没有数千年也有数百年了。但是，他们并没有选择去过那种生活。既然可以采集得到，为什么还要花费时间去种植呢？毕竟，比起采集和狩猎，自己种植粮食需要更多的努力。[17]

可是，为什么采集狩猎者后来又开始种植庄稼和驯养家畜了呢？许多人类学家都相信，这开始于人类被迫定居，需要更多食物来供养日益增长的人口。需要牢记的是，人们几乎在所有情况下都与其他人类群体有接触；我们知道，没有哪个群体能够与其他群体隔离得足够长，以至于可以被认为是完全孤立的群体。随着采集狩猎游群的队伍日益壮大，他们需要越来越多的土地进行狩猎和采集。但是，这些土地已经被其他以采集狩猎为生的人占用。随着采集狩猎者从一个宿营地迁移到另一个宿营地，在广袤的土地上进行狩猎和采集，对土地和资源的竞争也在加剧。于是人们开始定居下来，饲养动物和培育植物以作为他们的食物。尽管这需要付出更多的劳动，然而回报也很高。例如，比起采集

118

图4-4　在中国云南省一个名为瓦拉比（Walabi）的山村，一名妇女和她的双胞胎女儿在倒粪堆，为来年的春耕做准备。照片由丹尼·加沃夫斯基拍摄

狩猎者，种植庄稼的群体可以在更少的土地上养活更多的人。但是，为更多人提供更多的食物，并不一定意味着为更多人提供更优质的食物。最终，这种更高的产出需要付出代价。[18] 但是稍后再谈。

植物和动物的人工驯化，最初可能是作为对采集狩猎的一种补充。人类学家划分出两种不同但是有着紧密联系的适应策略，即**园艺**（horticulture，或刀耕火种）和**畜牧**（pastoralism，或放牧）。前者指的是小规模非工业化的植物种植（通常采用轮作方式），后者包括驯养、管理和繁殖一群特定的动物。我们的世界还可以找到刀耕火种和放牧的人，而且人类学家也对他们进行了广泛的研究；但是他们的人口数量也像采集狩猎者一样在不断减少，因为现代民族国家试图将他们（通常是强制性地）整合入一个更大的**政治经济**中。[19]

119

比起采集狩猎，园艺和畜牧可以养活更多的人口，这些人中的一部分长期定居在一个地点。但这并不表示，迁移流动就突然中止了。例如，许多牧民至今仍然过着游牧生活。从经济上来说，与游群中的采集狩猎者一样，从事园艺和畜牧的人群都非常依赖互惠。从政治上来说，亲属关系仍然在这两个群体间发挥着重要的组织作用。但是除了这些相似点之外，它们之间当然也存在一些重要的不同。[20]

与采集狩猎者不同的是，跨越时空的大家庭［被称为**继嗣群**（descent groups）或**世系群**（lineages）］拥有凌驾于任何个人之上的权力（在今天许多情况下仍是如此）。虽然个别领导者以前还没有多大权力，但是他们所属的继嗣群常常权力很大。也就是说，继嗣群已经延伸到任何定居农业村庄或游牧群的边界之外。并且，他们可以利用自己的统治地位控制资源（如土地）、影响决策或解决冲突，而这些事务单靠游群领导者个人是无法办到的。[21]

除继嗣群外，种植者和放牧者也运用其他的超越个别群体的政治手段进行自我组织，而这些政治组织可能与亲属关系无关。在过去的美洲原住民社会中出现的许多宗教群体和勇士组织，就是这方面的例子：虽然人们都可能与特定勇士或宗教组织有点关系，但想要成为其中的一员却必须凭借自身具备成为勇士或者某种宗教实践者的能力，不一定是因为这点关系。[22] 人类学家称这种整合——定居或游牧的不同群体因为继嗣群或者共同组织（如勇士组织或宗教组织）而联合在一起——为**部落**（tribe）。当然，我们也可以说，昆人那样的采集狩猎游群是通过亲属关系而结为一个整体；但是在所谓的部落中，群体的整合要比在大多数游群中发现的那种联系正式得多。[23]

农业和国家的出现

园艺种植和畜牧，为大规模的农作物栽培和动物养殖打好了基础。这种农业实践在世界各地兴起：在中东、欧亚大陆和非洲，出现在距今7500—12 000年间；在北美、中美和南美地区，则出现在距今6500年前[24]。随着农业的出现，最终将出现最复杂的政治和经济组织形式——**国家**（states）。

120

然而，这些国家并不是凭空出现的。**前国家**（prestates），也就是人类学家常说的酋邦（chiefdoms）和王国（kingdoms）最先出现，把种植者、放牧者或其他食物生产者（如“集约渔业者”）统统整合进了一个等级制的政治和经济结构，其中“首领”“领主”或“国王”占有最高地位。集权领导人拥有超越任何游群或部落领袖的相当大的权力和影响力，人们在其之下被划分为不同等级。[25]

考古记录中有一个非常有趣的关于卡霍基亚（Cahokia）的例子。卡霍基亚是位于当今东圣路易斯市（East St. Louis）的一个土墩城[26]，大约形成于1050年，当时这里生活着数千名居民。后来，这座城市在1500年已瓦解。但在1150年左右，处于全盛期

121

图4-5　约1150年的卡霍基亚土墩。图片承蒙卡霍基亚土墩群历史遗址提供，由威廉·R.伊斯明戈（William R. Iseminger）绘制而成

图 4-6 20 世纪复原的卡霍基亚遗址

120 的卡霍基亚生活着大约 2 万名居民，比当时伦敦的人还要多。[27] 与其他酋邦一样，卡霍基亚也以等级制为特征：在首领之下，由副首领（很可能与首领有亲戚关系）组成的精英阶层管辖着各个氏族家庭的领袖，后者则统治着平民。[28] 这种等级次序不仅是名义上的，也刻入了景观中。最大的土墩大约有 30 米高，高于城中的一切人和物，首领就在顶部管理着整个卡霍基亚。[29]

● 此时此地的人类学

您可以登录网址 www.cahokiamounds.org（访问时间为 2014 年 1 月 9 日），了解更多关于卡霍基亚的信息，如它的历史和后续研究。

在经济上，生活在卡霍基亚这样的前国家之中的居民也进行互惠活动。但是，不同于采集狩猎游群或部落化的种植者和放牧者的是，在前国家中，一些人能够获得权力、声望甚至资源（如食物），其他人却不能，这主要是因为他们在社会秩序中的地位不同。由此，一种被称为**再分配**（redistribution）的经济体系开始发挥作用。121 在这种经济交换类型中，资源（如卡霍基亚的农作物收成）都流向一个中心（如卡霍基亚的首领），而后又被再分配，例如用于供养专门的士兵和宗教人士。（在某些方面，这一过程的运作很像当今社会的税收，虽然税收这种现代活动更加非人格化。）重要的是，当资源从首领那里流回大众手里时（当然不是以同一种形式），再分配行为常常可以增加首领及其下属的财富、权力和声望。因此，首领、领主或国王常常拥有控制土地和资源的权力，而部落或游群领导人则没有。[30]

首领、领主和国王，常常用高压政治和战争来维持他们的政治和经济统治。[31] 在这一点上，一些所谓的酋邦或王国已经非常像**古代国家**（ancient states），后者通过大规模的征服来进行扩张。但与酋邦或王国不同的是，这些早期国家拥有更多的人口。[32]

早期国家是以中央集权为特征的等级政治体系，主要出现在拥有大规模农业的地区，最初出现于五六千年前。许多早期国家都独立出现在世界各地：中美洲、南美洲、非洲、美索不达米亚地区和东南亚地区。这些国家都实行中央集权，也就是说，一个 122 统一的权威由一套官僚机构组成，而不是仅仅一个首领、领主或国王。例如，卡霍基亚有一个中央权威，也就是首领，而中美洲的玛雅文明（900 年前后衰落）也有一个统治团体覆盖全国。[33] 就像古罗马（也是一个国家）一样，玛雅人也有统治边远城镇的官僚机构。

然而，政治集权仅仅是一个开始。把人民整合进一个集权统治的官僚体制的，通常还包括受国家支持的宗教（政教分离是非常晚近的事）、严格管理的军队（用于扩张和防御）、互惠（与游群和部落相似）、再分配（与酋邦和王国相似），以及**市场交换**（market exchange，指使用货币进行的商品和服务交换）。在过去，“货币”包括很多东西，如贝壳、珠子、动物毛皮、贵重金属和稻米等。[34]

市场的发展对于国家的发展尤其重要。事实上，国家过去（现在仍然）依赖市场交换（用今天的术语来说，就是进出口贸易）才能存续。例如，随着人们的定居，他们的食谱越来越局限于某些农作物。他们有能力生产更多的食物养活更多的人，但是他们的食物种类不得不通过贸易加以补充。此外，采集狩猎者在食物变得匮乏时，仅仅需要转移到下一个宿营地，农业生产者却常常不得不守在一个地方。如果庄稼歉收，继而发生了食物短缺，市场贸易就变得更加重要了。[35]

无论过去还是现在，市场都是维持国家政治体系的一个极其重要的因素。自从农业国家出现以来，它们就一直依赖贸易（无论是国内贸易还是国外贸易）来维持生存和发展。因而，人类的适应、政治和经济都是紧密相连的。[36] 可以有自给自足的采集狩猎者，但却从不存在任何完全自给自足的农业国家。[37]

农业发展趋势和现代世界：对当今世界的启示

随着人类从采集狩猎发展到驯养种植（园艺、畜牧和大规模农业），政治体系（如领导权）、经济体系（如贸易依赖）和社会体系（如群体规模）都愈加复杂。这里的复杂并不意味着更发达，而是指人群之间及内部出现了更广泛的文化统治关系。例如，部落的政治组织要比游群的政治组织更加复杂，因为出现了更多的政治制度（继嗣群体、武装群体），人们必须借此确定生活的方向。国家比游群复杂的主要原因在于，无论是古代国家还是现代国家，维持其运转的政治经济要对呈几何级数增长的大量人口的生存负责。

123

一些人类学家把从采集狩猎到驯养种植的转变称为**文化进化**（cultural evolution）。[38] 对于当代人类学家来说，进化所指的仅仅是改变，因此文化进化指的就是文化的变化。如果暗示进化更加大众化的含义是“进步”，就会歪曲事实。随着人类采取了种植驯养的生活方式，政治和经济趋势也随之发生适应性变化，包括永久定居点的增加、人口密度增长、长期食物匮乏（这在昆人那样的采集狩猎者中十分少见）、对贸易的高度依赖、专职人员的出现（如政治领袖），以及财富不均。当然，这些变化最终都是因为一项技术引起的，那就是农业，它利用粮食资源养活了越来越多的人口。[39]

然而，农业也使人类付出了沉重的代价，其中就包括健康恶化、疾病和社会不平等。[40] 因为人们只是集中种植少数几种庄稼，他们的总体营养水平下降了。此外，因为人们住得非常近，恶劣的卫生条件以及伴随而来的健康威胁也都成为问题。贸易活动也会促进疾病的远距离传播，这常会对农业国家产生毁灭性的

124

123

图 4-7 农业的规模、复杂程度及其影响，仍在不断增长。照片由丹尼·加沃夫斯基拍摄

124 影响。至于社会不平等，储存的食物在人类历史上第一次在群体之间创造了巨大的经济分化。事实上，**阶级**（class，人们因为能够获得资源的不同而分化为不同群体）也伴随大规模农业而出现，一般在采集狩猎社会中不存在这样的群体分化。[41]

正如我前面提到的，人口增长是农业带来的最危险的负面影响之一，也令农业陷入进退两难的困境。随着人口增长，对更高农业产出的需求也随之增加；随着农业产出的增加，人口随之增加，从而又引发了对更高农业产出的需求。结果，自从农业出现以来，世界人口就一直在稳步上升。正如人类学家约翰·H. 博德利（John H. Bodley）指出的：

> 和农业相伴随或由其导致的人口的相对快速增长，是人类历史上最重大的人口学事件之一。它标志着采集狩猎群体所建立的长期人口平衡的结束，也开启了一段几乎是持续不断的人口增长时期，引发了一系列急速的相关变化。这些变化成功地导致政治化、大规模城市文化的出现，以及最终工业全球化文化的兴起。[42]

大约500年前，地理大发现建立了旧世界和新世界之间的联系，而且随着工业化的兴起，世界开始整合成一个国际化的全球市场经济体。随着农业机械化水平的不断提高、制造业的进步、复杂工厂系统的发展，以及城市中心的扩张，工业社会人口爆炸，世界人口呈指数级增长。自“二战”以来，贸易和消费率出现了前所未有的增长，人口增长也是如此。比如，从1950年到2000年，世界人口增长为原来的近2.5倍，从25亿人增加到超过60亿人[43]。现在世界人口已经超过70亿。

当然，古代国家和现代民族国家之间有着明显的差异。今天，我们生活在占据全球各个角落的民族国家中，把数百万人整合进多面的政治体系，并且还把每个经济体整合进**核心国家**（core，世界上最富有、最强大的民族国家）、**边缘国家**（periphery，世界上最贫穷的国家）和**半边缘国家**（semiperiphery，协调核心国家和边缘国家之间经济资源流动的国家）的分类体系里。人们正在从边缘国家和半边缘国家向核心国家迁移，从乡村地区向城市中心迁移，这是前所未有的。现代民族国家正在面临

125

无法预料的移民率，包括迁入和迁出。族群之间的联系从未如此紧密过，而且如第 2 章所述，我们所处的世界体系这一大背景，正在促使拥有极为不同的文化价值观、态度和实践的人们，在国际层面上互相协调他们的价值观、态度和实践。这同样也是前所未有的。可以肯定的是，我们已经无法跳出这一业已形成的体系去理解人群的复杂性和文化互动。[44]

现代民族国家和古代国家确实有一些相似特征。尽管贸易和商品服务的交换已经变得更加广泛和复杂，尽管国际贸易在很大程度上是由资本主义世界经济体系（有其自身独特的历史）构建的，但是仍然存在一个特点，那就是脆弱性。资源耗竭、饥荒、社会动荡、制度化的不平等、食物短缺、战争、种族屠杀——这些都是国家的文化产物，却导致了国家的灭亡。当我们检视这些证据时发现，在过去五六千年间，国家的兴衰主要是因为政治和经济压力。例如，前国家卡霍基亚最可能的灭亡原因，就是周边资源的枯竭、食物短缺和 / 或阶级冲突。[45] 当国家衰落时，幸存者可能会选取不那么复杂的组织管理方式，就像采集狩猎者、种植者或放牧者那样。

然而，我们今天面临的境况跟古代国家截然不同。在相对较短的时间内，民族国家（及支撑它的国际贸易）不断繁衍出越来越庞大的人口，基本上已经无法再回归到采集狩猎、园艺或者放牧的生活方式了。由于全世界人民都被整合成为一个无法逆转的政治经济体，我们面临着一些 21 世纪的难题。这些问题尽管在很久以前就已出现，但在以前它们还没有发展到我们必须面对的地步。贾雷德·戴蒙德（Jared Diamond）因阐述如下观点而闻名：

> 研究农业起源的考古学家，已经为我们重建了那个至关重要的时期。想当年，我们的祖先犯下了人类历史上最糟糕的错误。他们被迫在限制人口与增加粮食产量之间做出抉择，他们选择了后者，结果导致饥馑、战争与暴政。在人类史上，狩猎采集者们采取了最成功的，也是历时最久的生活方式。相对地，我们仍然陷身于农业兴起所带来的问题中，至于能否解决那些问题，目前还不清楚。要是一位从外太空来访的考古学家，回去后向同胞解说人类历史，他也许会用一个24小时的时钟来说明他的发现。其中，时钟上的每一个小时代表地球上10万年的历史。假设人类历史于午夜开始，那现在的我们正处于这一天结束的时刻。这一天里，我们几乎一直都是个狩猎采集者，从午夜、清晨、中午到黄昏。最后，到了接近午夜的11：54，我们采纳了农业。回顾起来，那个决定几乎是不可避免的，现在也不可能走回头路了。但是又一个午夜迫近了，深受饥荒打击的农夫的苦境会不会逐渐扩散，最后将我们全都吞噬呢？或者，我们终会得到农业当年用以诱惑我们祖先的那些“福分”？迄今，农业令人眩目的模样，带给我们的，只是祸福相倚，令人无计回避。[46]

126

我们必须认识到，生活在现代民族国家（无论在哪里，大国还是小国），意味着我们必须依赖政治和经济上的“他者”（个人和社会）来维持生存。对全球70多亿人生存的真正威胁，更多地与政治和经济相关，而非“道德败坏”“缺乏充足的资源”或者其他流行的假设。（例如，核心国家生产出可以供养全世界人民的充足食物，但是边缘国家和半边缘国家的人民却每年都在忍饥挨饿，这是因为资源分配存在政治和经济上的不平等，不是因为资源太少不足以养活他们。）事实上，如果这个关于国家进化的故事有什么可以告诉我们的，那就是：自力更生、自给自足和与世隔绝都是幻想。民族国家根本不能单干。[47]

因此，在国际范围内调节我们跟环境之间关系的文化，在今天是由政治（国家）体系和经济（市场）体系强势建构的。我们同环境的关系，以及我们在环境中的生存，都无法逃开这一架构。简而言之，我们就生活在这个更大的文化框架中，无论“政治”或“经济”形式如何。

127 许多人类学家都非常重视对这一更大的文化框架的研究。他们试图理解或大或小的人类群体如何在日常生活的基础上回应和塑造全球化进程。生物和考古人类学家越来越多地呼吁我们去认识：日益改变的物质、社会政治和经济环境是如何给我们带来这个时代最为重要的挑战的。[48]语言和社会文化人类学家则越来越多地呼吁我们去认识：在共同的政治和经济系统中整合具有不同语言和背景的多种人群的文化复杂性。[49]尤其是，民族志学者也在越来越多地呼吁我们所有人去认识：当地社区的人们可以（和正在）调节与抵抗那些支配他们自身和生活的更大的结构性力量。[50]

图 4-8　在海地乡村，“农夫群体”（gwoupman peyizan）的成员在参加一个以同伴教育为基础的成人扫盲项目。人类学家珍妮·M. 史密斯（Jennie M. Smith）在她的民族志《众人拾柴火焰高：海地乡村的社区组织和社会变迁》（*When the Hands Are Many: Community Organization and Social Change in Rural Haiti*）中认为，外来的援助机构在如何改进社区发展项目的设计和实施方法上，仍有很多东西要向这样的群体学习。照片由珍妮·M. 史密斯拍摄

128

● 此时此地的人类学

人类学家指出当今全球化的诸多问题之一是，当地民众如何保护他们的传统生活方式。诸如边界争端、土地丧失、资源获取上的差异和旅游业等，都造成这些传统生活方式更加难以维系。然而，许多族群已经找到了多样而灵活的方式来协调和引导全球化。人类学家

查尔斯·孟席斯［Charles Menzies，不列颠哥伦比亚大学（University of British Columbia）］研究本土社区和其他地方社区的文化可持续性问题。他负责不列颠哥伦比亚大学的民族志电影单元，这一项目“采用纪录片语言探究对环境和社会负责的资源使用方式，优先考虑基于社区的合作项目”。您可以登录 anthfilm.anth.ubc.ca（访问时间为 2014 年 1 月 9 日），了解该单元和许多电影项目。

当然，我们并非完全无能为力。从根本上来说，这对于研究诸如性别、婚姻 / 家庭 / 亲属关系以及宗教等文化问题的意义在于：我们同他者的相互关联，不仅存在于我们共同的生物属性中，或是我们共同面对的普遍的人类问题（如寻找食物）中，也存在于一个共同的世界政治和经济文化中。比如，性别问题就不是一个孤立的问题，而是一个国际问题，婚姻、家庭、亲属关系或宗教问题也都如此。如今，地方性行动越来越成为全球性行动，反之亦然，以至于“全球性思考，地方性行动”的宣言或许最好改为“全球性思考，全球性行动”。

第5章　性别、权力和不平等：关于性别问题 135

- 生物性别和社会性别：理解两者的差异
- 社会性别和权力
- 社会性别、不平等和女性主义人类学(20世纪70年代至今)
- 回到起点：社会性别、不平等以及女性主义人类学对我们的启示

过去把整个生命都投入公共事业的男人们，只有在自己担负起家庭责任，亲自帮助养育新一代的情况下，才会把女人看成真正平等的对象。

作为人类，我们经常把许多事情都视为理所当然。我们虽然可能会认识到文化在我们周围创造了一个充满意义的世界，但可能在内心深处仍然认为自己的动作、行为和思想是合乎自然的或正确的。我们应该认识到，这也是我们民族中心主义的一部分。

然而，尽管有了这些知识，我们也很难从对世界的假想中挣脱出来。当今最具有影响力的假定之一，就是**性别**：世界上几乎所有地方的人都倾向于认为，男女之间的差别是自然的、内在的、天生的。人们即使已经意识到是文化建构了我们生活的外在形貌，从个人空间到经济或政治体制，但还是不太情愿把这种思考延伸到一些基本的像性别这样的生物学事物上去。然而，我们在比较世界上的不同社会时所发现的人类性别表达的巨大差异性，不容置疑地证实了一个观点：这些差异既是生物性的，也是文化性的。

这里我们可以举一个经典例子，米德在1935年出版了《三个原始部落的性别和气质》（*Sex and Temperament in Three Primitive Societies*）一书。在这项著名的民族志研究中，米德比较了新几内亚的三个部落：阿拉佩什（Arapesh）、蒙杜古马（Mundugumor）和德昌布利（Tchambuli）。在这三个群体中，每个部落里的男人和女人，都显示出极其多变的人格特征，和美国人预期的完全不同。阿拉佩什部落的女人和男人的行为方式，也许是米德的读者所期望的美国女人的行为方式：他们展现出“一种人格……在双亲角色上，我们称其为母性的；在性别特征上，我们将其归入‘女性化’”[1]。但是蒙杜古马部落的男人和女人的行为方式，却符合米德的读者对美国男人的期待。他们处在另一个极端：“男人和女人都表现出冷酷残忍，带有强烈的攻击性，性感独特，人格结构中所带有的‘母性’微乎其微。这里所有的男人和女人都近似于一种人格类型，在我们的文化中，只有在缺少教养、野蛮

136

暴力的男子身上才能发现。”[2]米德还发现，德昌布利部落又同上面两个部落（两者都淡化了两性的差异）形成了鲜明的对比。就像她当时所处的美国文化，这个部落的男人和女人在两性之间划定了清晰的界限；但与美国人不同的是，德昌布利人对性别的刻板看法，和20世纪30年代美国的情况正好相反：“与我们自己文化中的性别态度截然相反，在那里，女人是居主导的、非个人的、有管理权的伙伴；而男人则是不负责任的，在情感上依赖别人。”[3]最终，米德的研究证明，文化在塑造所谓的性别外观方面发挥着巨大的作用。“这三种情况可以得出一个非常明确的结论”，米德写道，“如果说被动、敏感、抚育儿童的意愿等这些我们传统上视之为女性特有的气质，能够在一个部落里轻松地被塑造成为男性气质，而在另一个部落却被大多数的男人或女人所不容，那么我们就再也没有什么理由把上述行为特征说成是与生物性别相关的了。”[4]对米德来说，将女人和男人的行为完全归因于生物属性，把它们看作“与生物性别相关联的”特征的看法，忽略了文化对“男人”和“女人”行为的塑造作用。

尽管米德最初的研究曾被批评言过其实，但其后许多人的研究表明，文化建构性别的方式完全不同于那种把性别完全置于生物学领域的设想。就拿宗教实践为例，在许多社会，男人和女人可能会采取不同的方式去接近神，承担不同的宗教职责，甚至在他们的灵性成长上也有各自不同的期望。例如，在现今所有的主要宗教中，神职角色传统上一直都是男性的特权。这没什么好奇怪的。可能会令你惊讶的是宗教和人类性别之间的联系多么密切，而且是以许多不同而有趣的方式。在一些美洲原住民的传统中，特定宗教活动只有男人可以做。这些男人作为大家庭的代表，承担着为包括女人和男人在内的全体部落成员祈祷的任务，没有女人参加。又如，在美国西南部的许多普韦布洛（Pueblo）部落中，男人们会参加在大地穴（kiva）举行的最神圣的仪式。大地穴通常是一个位于地下的房间，宗教仪式常常在这里举行。[5]相比之下，美国的主流宗教都是妇女占教会成员的大多数。全美民意调查表明，男性总体上对教会的奉献少于女性。事实上，宗教看起来对妇女要比对男人更重要：女人显然祷告更多，并且更经常、更深入地审视她们的信仰、灵性成长和与上帝的关系。尽管男性或许在神职人员中占据压倒性的多数，但事实表明，在美国教会中女性更具"灵性"。[6]生活在琉球群岛上的人们认为，女性较之男性更倾向于灵性的事物。当地今天仍然存在一种土生土长的宗教，妇女拥有和超自然事物交流的特殊能力。因此，妇女主导着宗教仪式，甚至代表家庭在家中的壁炉旁祈祷。[7]这种把女性同灵性联系起来的看法也与印度教的一些信仰非常相似。比如在印度，男人想要信仰母亲女神巴芙恰拉（Bahuchara Mata），就必须通过阉割仪式放弃他们的"男性身份"，才能被视为真正的海吉拉（*hijra*）。在成为海吉拉之后，他们改用女性的名字，改穿女性衣服，一举一动都严格遵循女性的行为方式。[8]

这些例子表明，宗教除了作为对灵性意义的探寻，有时也呈现为与人类性别有关的思想。记住，这些思想不是我们生来就有的，而是习得的。从跨文化视角来看，人类性别特征同宗教、政治

138

图 5-1　在印度的海吉拉中，男人想要信仰母亲女神巴芙恰拉，就得丢掉他们的“男性身份”，改用女性的名字，改穿女性衣服，一举一动都严格遵循女性的行为方式。照片由《非男非女：印度的海吉拉》（*Neither Man nor Woman: The Hijras of India*）一书的作者塞雷娜·南达（Serena Nanda）拍摄

或经济这样的制度之间的结合并不那么令人惊讶。但有趣的是，这些例子也证明男人和女人都在最基本和最复杂的层面上，参照他们对人类两性的看法来安排自己的生活。几乎是在任何地方，除了少数例外（阿拉佩什与蒙杜古马显然是少数），女人和男人赋予自身完全不同的期待、完全不同的职能和角色，结果往往是拥有了完全不同的生活。 137

来看另外一个非常极端的例子。在南美洲亚马孙河流域和新几内亚高地的几个部落中，男人和女人生活在各自的房子里。妇女和她们的孩子不与男人同住，男人居住在“男人屋”中。女人 138 和男人当然在日常生活中有接触，但是他们通常是互相怀疑的关系。在一些部落中，男人和女人据说彼此完全不信任；例如，他们的性关系极不频繁。美国社会的典型家庭通常建立在两性（基于生物性别的）婚姻基础之上；与此不同的是，在这两个地区的许多部落中，家庭通常建立在同性别团体的基础上。当然，低于特定年龄的人除外，比如那些生活在母亲房子里的男孩，他们还没搬到或是被接纳到“男人屋”中去。[9]

这当然代表了一种极端，但是我们比较世界各地的社会时，对这种男女隔离不应该大惊小怪。事实上，男人和女人都通常会组建各自的性别群体，尽管没有那么极端。例如，民族志学者和纪录片制作人苏珊娜·M. 霍夫曼（Susannah M. Hoffman）、理查德·考恩（Richard Cowan）和保罗·阿拉都（Paul Aratow）报道了在20世纪70年代的基普塞利（Kypseli，一个传统的希腊小村庄），男人和女人明显在日常生活中组成了相互独立的两个群体。男人白天打猎，照管他们的田地（他们单独拥有的土地），互相拜访，并在村里广场上做生意（女人很少聚在那里）。男人离开家时，女人主要在更小的乡村庭院里活动，聚在那里聊天工作。然而，随着一天的结束，男人们回到家并开始互相拜访时，女人们就失去了对院子的控制权。尽管家里基本上是妇女享有特权，也就是说，家被赋予女性的姓氏，由妇女所有，并由母亲传给女儿，但是男人和女人在家中也有各自的男性和女性领地。客厅是男人的领地，厨房则严格属于女人的地盘。宗教也有着相似的区分。在乡村教堂中，男人和女人各自聚在一起：男人总是坐在更靠近教堂圣坛的前面，女人则坐在或站在教堂的后面。[10]

139

图 5-2 在巴布亚新几内亚高地上，男人们在为一位妇女盖房子。房子的构造，从左到右依次为：壁炉屋、养猪屋和供母子居住的卧室。照片由鲁斯·C. 沃尔特（Ruth C. Wohlt）拍摄

尽管自 20 世纪 70 年代以来，像基普塞利那样的希腊村庄已发生了很多变化，这些模式却可以让我们回忆起美国的传统。回想一下我们过感恩节的时候，许多美国人都会重温传统价值观和对男女群体及其所属空间的假设：女人们聚在厨房忙碌地准备饭菜，男人们则围在电视机前悠闲地看着足球赛。是的，即使在我们所谓进步的时代，我们也很难摆脱自己对性别的根深蒂固的观念。

140

这里我们来对比一下基普塞利和葡萄牙的小村庄纳扎雷（Nazaré）。在纳扎雷，以打鱼为生的人们生活在一个工薪阶层的

社区中。和基普塞利相比，这个社区有许多不同之处。[11]不同于前者由男人占领公共空间，这里是女人。此外，女人还占领着私密的家庭空间。据民族志学者扬·布勒格（Jan Brøgger）报道，在这个葡萄牙的小村庄里，男人作为渔民捕鱼，而他们的妻子主要负责在公共市场售鱼。这儿与基普塞利一样，家里没有男人的指定空间。他们必须清晨醒来，快速吃完早餐，然后尽快离开家门。在家里，他们被认为是“碍事的”；在许多方面，他们都是家里的边缘成员。这也就是说，纳扎雷的工薪阶层基本上是**从母居**（matrilocal residence，又译作从妻居）——新婚的夫妻婚后生活在妻子家中。许多已婚的男人进入一个完全由女人控制的家庭，女人之间互相有血缘关系——他的妻子、他妻子的母亲、他妻子的已婚或未婚的姐妹，还有她们的孩子。包括他和他妻子的父亲，在这个家里都被认为是“外人”：他们都来自不同的家庭。而他们的家人在这个由女人拥有的家里根本没有财产权。也就是说，在整个家庭内部女性拥有特权。再加上女人在市场上的统治地位，布勒格得出这样一个结论：纳扎雷的工薪阶层社群（与反映欧洲其他地区的乡村资产阶级形成鲜明对比）展示出如下情况：

> 与传统上流行于美国和欧洲的情况不同，（在这里）女人也负责管理家户之外的经济活动。许多渔民阶层的妇女，是名副其实的买卖人。这种男人和女人之间反传统的角色分化，使纳扎雷的情况变得尤其引人注意……女人的主导地位，对夫妻关系（即婚姻关系）和家庭结构都有重大影响。[12]

纳扎雷和基普塞利、感恩节、男人屋、以性别为基础的宗教和玛格丽特·米德……已经足够了。我之所以提到这些例子，是因为它们所引发的问题。女人和男人的世界总是分开的吗？他们总是以权力关系为特征吗？男人或女人经常是另一性别的统治者吗？稍后我会详细解释这些问题。但是首先，我们需要明确一个基本的也常常被忽略的问题，那就是人类性别的区别；换句话说，也就是生物性别和社会性别的区分。

141

生物性别和社会性别：理解两者的差异

首先，这些不同的例子说明，人类的性别和其他事物一样，都是由文化塑造的。人类的性征是一种生物学属性，文化建立在这一人类基本相似性上，并赋予"男性"和"女性"多种不同的行为、角色和意义。纳扎雷的男人不是生来就知道他们在家中会碍事，或者他们在结婚后要和妻子的家人生活在一起。他们一定是在成长过程中习得了这些知识。亚马孙河流域和新几内亚高地的男孩们，在被带到男人屋时，也不是生来就知道他们将在成人仪式中习得的知识。女人也不是生来就不能当神父或牧师，她们习得了没有男性生殖器阻碍了她们成为某些教会的领袖。纳扎雷的女人们也不是生来就知道她们将负责在市场上卖鱼，或者她们的丈夫将会生活在女方的大家庭（extended family）之中，她们是从她们的妈妈、阿姨或者姐姐那里习得的这些知识。最后，我们各自的文化成长环境确保我们把这些差别看成理所当然的，并且我们会认为这些差异都是与生俱来的、天生的和不可改变的、自然而然的。

有鉴于此，我们就可以明确区分性别和文化，或者更具体地说，区分生物性别和社会性别。**生物性别**（biological sex）反映了人类女性和男性生物体上的差异，包括生殖器、有无隆起的胸部等这种普遍的生物学上的性别特征。雌雄同体，即生来没有典型的男性或女性生物特征的个体是例外。但在任何情况下，人们都是在自己的历史、文化和经验框架中建构和阐释这些生物性差异的。尽管人类可能为了生物繁衍的需要而分为男性或女性，性别的生物性只是人类建立起不同社会和文化中的各种文化行为、角色和意义的基础。这就将我们引向了不同于生物性别概念的社会性别。人类个体作为可繁殖的生物是有性别之分的，而**社会性别**（gender）则指的是文化在人们的生活中将意义移植到性别个体中的方式。这种移植和人类本身一样变化多样。的确如此，如人类学家卡萝尔 · P. 麦科马克（Carol P. MacCormack）所说："社会性别及其属性并不完全是生物性的。赋予男人和女人的意义与赋予自然和文化的意义一样，具有任意性。"[13]

142

如果赋予性别的意义是主观而任意并且仰赖文化的，那么文化又是如何并为何最先赋予生物性别以不同的行为、角色和意义的呢？答案部分在于文化的运作方式，就像我们在第 2 章所说，与社会互动密不可分。我们必须与他人交往，使我们自己、我们的社会以及我们的文化不断重生，代代相传。正因如此，我们总是在同他人的交往中度过一生。自出生那一刻起，我们开始成为某人的子女或孙子孙女、兄弟姐妹、侄子侄女外甥外甥女、朋友或敌人、学生或老师、配偶、父亲或母亲、叔伯或阿姨、祖父或祖母。作为人类，我们很难避开这些关系，无论是我们为自己划分了这些类别(如自我认同)，还是他人给我们分配了这些类别(如种族)。

这些分类体系不是凭空而来。它们也指导我们与他人的交往。在一些社会中，年轻人必须尊敬老年人；而其他社会则要求年轻人打破长辈建立的现状。有些社会鼓励已婚男人与岳母建立亲密的关系；而在其他社会，他则必须不惜一切代价地避开岳母。有些社会里，种族决定了我们应该如何同其他群体成员交往；在其他社会，它甚至决定了我们能跟谁结婚、不能跟谁结婚。

从本质上来说，人都是特定群体的一员，并被期待以某种方式来行动。毕竟，我们都是文化的存在。而且因为它是如此渗透我们的生活，以至于社会性别与我们的社会互动相交织：每个人都必须在社会中协调一个“性别化”的位置，无论他/她怎样生活，在哪里生活。(由此引出一个重要的观点。像任何其他文化事物一样，人们协调他们许多由文化界定的位置。当然，社会性别是这一文化进程不可或缺的一部分。)社会性别在某些社会被认为是不可改变的；在其他社会，它则是非常灵活可变的。但无论性别本身是否可以改变，我们的性别观念总是由我们从属的群体所塑造。它们一直都在变化，即使是渐渐的，从这个人到那个人，从这个地方到那个地方。

143

我们不妨简要看一些**替代性别**(alternate genders)的例子，它们不适合放在我们传统的男性/女性的二分法中。例如，许多

图 5-3　尽管人类因为生殖器的差异而被划分为男人或女人，但实际上，性别的生物性只是人们建立起那些我们从出生时就开始学习的各种文化行为、角色和意义的基础。照片由丹尼·加沃夫斯基拍摄

社会事实上都给第三甚至第四性别留有一席之地。像前面提到过的印度的海吉拉，被阉割的男人和双性人都被接纳为这一群体的成员。另一个例子是美洲印第安人男性中的异装癖者或同性恋者（*berdache*），又称“双灵人”（two-spirit），他们在生理上是男性或者女性，但却拒绝或超越了传统的男性或女性角色。尽管在现今的北美印第安人社区，这种情况已不如以往那么普遍（很大程度上是因为传教和强制同化），民族志学者还是记录了来自超过 150 个不同北美印第安社会的大批替代性别的历史个案。[14] 在许多这样的群体中，个体在“男人”或“女人”的分类外占据一个

独立的、通常指定的类别。大多数记录在案的情况是生理性别为男性的人却拥有女性的打扮、职业和 / 或行为。但是他们的地位与女性不同，处于一种中间地位，通常满怀着超自然的力量和 / 或责任 [15]。例如，希多特萨（Hidatsa）是一个北美大平原印第安人部落，那里有些实为男人的女人（“man-woman”）或称“*miati*”，他们的穿着和工作都像希多特萨女人，却扮演着特殊的宗教和仪式角色。“他们在仪式中的作用很多，超过了那些最卓越的部落仪式领袖。”民族志学者艾尔弗雷德·鲍尔斯（Alfred Bowers）写道。“他们带着一种神秘的氛围。他们的行为并没有被老一代人通过仪式传下来的传统教导所牢牢束缚，更像是个人关于超自然事物的独特经验的结果，故而不像其他仪式领袖的做法那么传统。”[16]

144

这些“*miati*”认为，他们独立的身份、非传统的仪式角色，以及他们通过重复的梦境和幻想而实现的与超自然事物的特殊关联，都推进了自身的性别转换并使其成为必需。[17] 这种由幻想促进或者迫使性别转换的例子也普遍存在于其他北美印第安群体中，如阿拉帕霍人、迈阿密人（Miami）和犹他人（Ute）。[18] 其他记录在案的性别转换案例也提到了童年时期对异性活动的兴趣，这些兴趣可能随时间推移而发展。[19] 例如，在北美大西南的莫哈维族（Mohave）中，怀孕的妇女可能会梦到她们的孩子成为“阿利哈”（*alyha*）或“花梅”（*hwame*），即男性或女性各自的性别变体。但是直到这些孩子长大后开始对异性的衣着、活动和行为表现出兴趣，这种替代性的性别身份才会被社会认可。[20]

像莫哈维族一样，夏延人和纳瓦霍人（Navajo）的男性和女性都有各自的性别变体类型（实际有了四个性别）。[21] 但即使是在只有一种替代性别（大多数个案是男性）或者没有性别变体的社会，一些人（常常是女性）也可以采用异性的穿着、职业和/或行为，而无须完全转变为另一种单独的替代性别类型。例如，在一些北美大平原印第安部落，女人有时候可以进行男性化的活动和/或行为而不改变自身的女性状态。这种“具有男子气概的”或“男人心思的”女人回避了传统的女性角色，并将她们的影响扩展到男性主导的领域，如财产所有权、仪式主持地位，甚至是战争[22]。斯坦丁罗克的拉科塔族人（Standing Rock Lakota）、人类学家比阿特丽斯·梅迪森（Beatrice Medicine）曾提到，如果把许多北美大平原族群中男人可以拥有的第三性别变体一起考虑进来，这些替代性别“为男人和女人提供了机会，使他们可以用社会承认的方式展示跨性别的天赋。而且有鉴于此，替代性别可能对于生活在高度二元性别期待社会中人们的心理健康至关重要”[23]。可以这么说，许多北美原住民族群继续在更大的社会中为“双灵人”（现在通用的术语）开辟生存空间，而在大多数地区（包括许多当代原住民社区），当涉及性别问题时，几乎没有其他选择的余地。[24]

145

● **此时此地的人类学**

双灵人在我们的社会中一直都占有一席之地，甚至是在当代原住民社区——在那里他们的角色在传统上更能被理解和接受，尽管有时也付出巨大的代价。《双灵》（*Two Spirits*）是一部关于一位年轻的纳瓦霍少年的纪录片，主角弗雷德·马丁内斯（Fred Martinez）因其双灵人身份而遭残忍杀害。您可以登录 www.pbs.org/independentlens/two-spirits（访问时间为 2014 年 1 月 9 日），以了解马丁内斯、《双灵》和替代性别的世界。

当我们比较古往今来北美印第安人中的双灵人、印度的海吉拉，以及世界上其他社会时，就会发现，这种社会性别变体表现出普遍的跨文化性。例子还有阿曼（Oman）的“*xanith*”，据说会展现出男性化和女性化的双重特征；还有塔希提岛（Tahiti）的“*mahu*”，他们和海吉拉一样，言行举止都跟女人一样（但是没有做过阉割手术）；还有巴尔干半岛（Balkans）的“宣誓处女”（Sworn Virgins），她们禁绝性关系、不结婚和不生育，穿着和活动都像男人一样。[25]

这些广泛的例子说明，社会性别是高度可变的，并不总是与生物性别相一致：像“男人”和“女人”这样的社会性别分类，也不完全基于生物属性。事实上，将这些分类看作同一连续统的两极可能更好理解，替代性别则构成了连续统中的各个点。无论社会性别如何定义，它们都是基于人们对那些习得、分享、协调并付诸日常实践的文化定位的创造和维持。 146

图 5-4　“女人吉姆”（Woman Jim，又名 Squaw Jim 和 Finds Them and Kills Them）是一位著名的双性人［bote，北美平原克劳人（Crow）的第三性别］，因作为战士、艺术家、宗教与精神领袖而闻名。照片摄于 1928 年，史密森学会国家人类学档案馆（National Anthropological Archives，Smithsonian Institution）提供（INV 00476400）

社会性别和权力

在日常交往背景下，我们和他人关联的文化定位无法同**权力**进程分离。事实上，这些关系常常由权力界定。无论我们谈论的是母亲还是女儿，一个种族或另一种族的成员，年轻人还是老年人，文化定位都会受到与其相连的其他文化定位的影响。而人的本性，则使得人一向总是把这些位置由低到高进行排列。比如说，你很年轻，但生活在一个重视年长者的社会里，那么相对于年长你的人来说，你的价值、权力和威望就是低的。反过来，如果你生活在一个重视“青年文化”超过老年文化的社会里，比起年长你的人来说，你就会更有价值、权力和威望。

再次强调一下，社会性别是这一过程的基础。人类学家很多年前就已了解到，在任何社会，由于男人和女人（在许多情况下，也包括替代性别）被赋予某些任务和角色——这种现象被称为**性别劳动分工**（sexual division of labor）——这些活动都带有特别的价值，人们以此来判定特定活动相对于其他活动的等级。尽管在民族志文献中也有值得注意的例外（如纳扎雷的例子），但是在古往今来的大多数社会里，与性别劳动分工相联系的任务和角色，

147

图 5-5　即使是在可能最“现代”和据称是平等主义的社会，妇女无论拥有其他何种工作，仍然大多承担家务劳动和照顾孩子的首要责任。照片由丹尼·加沃夫斯基拍摄

一般都把男性的劳动凌驾于女性的劳动之上。即使在男女相对平等的社会，例如昆人（上一章介绍过的非洲南部的采集狩猎者）社会，男人的劳动价值也要比女人高。尽管昆人妇女负责采集食物，承担着大部分工作，男人打猎得来的肉却常常更有价值。[26]在我们自己所谓“进步”的时代，有些事情同样没有改变。纵观全世界，大多数妇女的工作都很大程度上被低估了，无论她是行政主管、家庭妇女、工厂工人，还是计算机工程师。在劳动力市场上，从事同样的工作，男人也总是能比女人得到更高的报酬。而妇女，无论她们是否从事外面的工作，仍然要做世界上大部分的家务活，包括照顾孩子——这项劳动受到贬低，一般情况下也是无偿的，无论她生活在哪个国家。[27]

148　因此，社会性别建立在生物性别基础上，并为“男性”“女性”以及替代性别赋予了多种行为、角色和意义。但是，社会性别还不止如此，它还与权力和不平等深深地交织在一起。

社会性别、不平等和女性主义人类学（20世纪70年代至今）

为什么世界上有那么多人一直都在贬低妇女的工作和活动呢？这是自然之理吗？一定要这样做吗？为了解答这些问题，我想回到我的人类学故事，快速梳理一下从人类学前辈博厄斯、马林诺夫斯基和米德直到20世纪70年代早期的人类学。在妇女运动的大潮下，一些女人类学家从米德（还有研究性别的其他学者）

那里获得灵感，开始解答此类问题。[28]想到民族志的研究目的（例如，我们通过文化研究可以对自身有哪些了解），这些研究人员开始思考如何运用人类学知识解决美国妇女面临的现实问题。她们知道自己的生活深受工作场所中的不平等的左右，那么，世界各地妇女的生活都以这种不平等为特性吗？

一些人类学著作和论文涌现出来。其中最重要的一本，就是由米歇尔·罗萨尔多（Michelle Rosaldo）和路易丝·兰菲尔（Louise Lamphere）主编的《妇女、文化和社会》（*Women, Culture and Society*）。[29]这种跨文化比较非常重要，因为它汇集了可靠的民族志案例、基于社会性别的不平等的关键问题，以及针对美国当前妇女民权斗争的思考和行动建议。作为人类学家，《妇女、文化和社会》的作者从收集到的世界各地的大量民族志信息中了解到：性别劳动分工是一种普遍现象。在20世纪70年代中叶，基于社会性别的不平等似乎也很普遍，这主要表现为妇女的劳动在世界上所有社会中都被低估。尽管在神话传说中存在妇女完全统治男人的母系社会，但是没有民族志学者曾发现或者描述过这种情况。该书作者因此提出一个关键假设：尽管存在值得注意的例外，男性统治和女性附属通常是普遍现象。这一观点（在当时那个时代）树立起来后，一些作者试图解释为何男性统治看上去会那么普遍。民族志证据不能完全支持对性别劳动分工的生物学解释，因而它也无法解释基于社会性别的不平等的起因。事实上，男人和女人之间的生理差异，与之前我提到的那些文化基础上的差异相比甚微。尽管像强壮程度这样的因素，一定会在性别劳动

149

分工中发挥作用，然而别忘了，是文化而非生物属性造就了性别之间的习得性差异，进而塑造了人们赋予角色和活动的价值观。（是传统告诉美国人，感恩节意味着女人在厨房劳动，男人在房间看电视，而不是基因。）

一些作者［尤其是罗萨尔多和谢里·奥特纳（Sherry Ortner）］认为，其他生物性倾向（首要是生育子女）——而不是相对强壮的身体——是文化建立和维持劳动分工的广泛基础，从而导致了基于社会性别的不平等。虽然生育子女是女性天生的能力，但是相对男人而言的女性文化定位、意义和围绕生育行为的角色却不是天生的。作者认为，由于生育孩子，从采集狩猎游群到农业国家，妇女一次又一次地同孩子、家，以及围着“灶台”转的家庭生活联系在一起：一句话，她们被看成属于家庭领域。而男人由于不用生育子女，通常就从照顾孩子的责任中摆脱出来（在许多社会中，他们除了让女人怀孕外，与这个工作毫无关系）。因为“不需要照顾孩子”，他们也就更具流动性，可以自由地离家闲逛。男人很少与家庭领域联系在一起。相反，他们和公共领域（比如宗教）联系紧密。因此，除了这一生物基础，文化不仅建构了性别，而且建构了后天习得的社会性别基础上的不平等。男人并不是从基因或者自身相对强壮的身躯得知他们的劳动可能比女人的更重要，而是在伴随着成长的濡化过程中习得的。

重要的是，《妇女、文化和社会》的作者树立了这样一种观点，即妇女的从属地位似乎是普遍存在的，文化（而非生物属性）是导致基于社会性别的不平等的主要原因，并借此对自己所处的社会展开文化批评。通过从米德那里获得的灵感（她在《萨摩亚人的成年》中提出，民族志为我们在自己的文化假设和坚定的看法之外提供了另一种选择），罗萨尔多、兰菲尔及其同事建议，这一知识（妇女的从属地位、它的文化建构，以及它对文化批评的潜在作用）可以改变我们社会中妇女的从属地位；也就是说，如果建立在社会性别基础上的不平等是习得的，那么它也是可以改变的。 150

在美国女权运动的鼎盛时期，这一争论是《妇女、文化和社会》的重要组成部分。例如，作者之一的罗萨尔多认为，几乎是在所有地方，包括男人和女人在内，一贯重视公共领域，而那里则是男人的天下。在美国，公共领域意味着工作场所。罗萨尔多认为，美国人把公共事务看得比家庭事务，尤其是照看孩子更加重要。[可以想想在我们的社会中钱有多么重要，薪水如何成为衡量“成功”的标志；然后可以比较一下企业高管（仍多为男性）的收入和家庭主妇（仍多为女性）的收入。] 在 20 世纪 70 年代的女权运动中，许多女性主义者都寻求为妇女在工作场所中开拓平等的空间，只是至今尚未完全实现。尽管罗萨尔多认为这对妇女权利而言的确重要，但她关注的是我们的社会一贯贬低家务劳动（尤其是照看小孩）并重视家庭以外工作的方式。她写道：

> 美国社会事实上是以在私人和公共、家庭和社会、女性和男性之间制造和利用一个极端的距离这种方式组织起来的。一方面它宣扬婚姻家庭，另一方面它又规定妇女待在家中（一支隐性失业大军），同时则把男人扔到公共的劳动世界

> 中去。这种理想与现实之间的冲突，给男人和女人都造成了错觉和失望……这一冲突位于当前反思性别角色的核心位置：我们被告知男人和女人应该平等，甚至应该成为同伴，但是我们也被告知，应该更加看重男人的工作。迄今为止，认为应该实现她们的平等地位的妇女，已经把重点放在了这一自相矛盾的观点的第二部分，并为妇女团结寻求基础，同时也为妇女在男性工作领域中寻求机会……然而，只要家庭领域仍然属于女性，妇女团体无论如何强大，都不可能和男性在政治上平等；而且，过去也是这样，独立自主只能用来形容女性精英。如果公共世界将来向广大妇女，而不仅仅是精英女性打开大门，工作本身的性质就不得不发生改变，工作和家庭之间的不对等就会减少……过去把整个生命都投入公共事业的男人们，只有在自己担负起家庭责任，亲自帮助养育新一代的情况下，才会把女人看成真正平等的对象。[30]

151 像《妇女、文化和社会》这样的跨文化比较研究之所以非常重要，是因为它们提出了一些问题，并在人类学家中引发了关于社会性别、权力和不平等的讨论。但是，隐含在这些问题和讨论下的一些假设早已受到质疑。批评主要针对那些男性统治和女性从属的假设。从 20 世纪 70 年代末和 80 年代初开始，许多人类学家便认为这一假设是基于一个狭隘的非此即彼的命题，它忽略了世界上不同社会中**性别角色**（gender role）的多样性和复杂性。例如，在奥农达加（Onondaga）和其他易洛魁（Iroquois）部落（生活在美国的东北部和加拿大）中，男人担任公共政治领袖；但他们以往（现在仍然）是由领导着大家庭或氏族的氏族母亲选举出来的。从外部来看，男人似乎拥有更多的权力为部落政府和整个部落做出有约束力的决定；但是他们的权力是由选举他们的氏族母亲裁定的，如果她们愿意，她们有权解除他们的权力。[31] 这种情况和前面提到的纳扎雷的例子有些相似，不是吗？而且，这才是问题的关键所在。无论过去还是现在，性别关系都比把某个社会界定为“男性统治”的复杂得多。很显然，女人在某些社会中拥有的权力少于男人；然而在许多其他社会中，当男人支配某些活动时，女人则在主导着另外一些。例如，人类学家卡萝尔·P. 麦科马克写道：“在田野调查中，我曾和女酋长、继嗣群的女首领、妇女秘密社团的负责人，还有女性家户领导人交谈过……她们会说，女人在某些方面比不上男人，男人在某些方面则不如女人……”[32] 在本章开头提到的琉球群岛上，妇女主导着家庭和社区中的宗教活动，而不是国家层面上的活动。琉球群岛于 1972 年并入日本，在国家层面由男性统治。[33] 那么，琉球群岛到底是由男性统治还是女性统治呢？这取决于你的立场，以及你从什么角度来看。有关宗教和国家的问题都非常有价值，并且显然，男人和女人在他们各自角色上的活动也是如此。

这些例子引发了 20 世纪 80 年代人类学界关于社会性别的新讨论。在重要的跨文化比较研究著作《女性权力和男性统治》（*Female Power and Male Dominance*）中，人类学家佩姬·里夫斯·桑迪（Peggy Reeves Sanday）反对女性居于从属地位这种 152

无所不在的观点；相反，她认为特定模式的女性权力和男性统治并不单单建立在生物差异（如分娩）的基础上，而是在与诸如政治、经济和宗教等其他文化体系相关的历史进程中形成的。桑迪认为，许多部落社会在遇到诸如移民、食物短缺或殖民主义等政治或经济压力时，都改变了他们的“性别角色计划”（sex-role plan），即定义性别、权力及其关系的模板。例如，许多部落社会在经历殖民化后，都从相对平等主义的社会转变为等级社会。而且社会性别基础上的不平等，也在随着这种转变而改变。因此，男性统治不一定是普遍现象。社会性别基础上的不平等，在采集狩猎社会和小型“轮耕经济”中最不突出；但是，随着社会

图 5-6 社会性别的协调已经扩展至超越了男性和女性之间。人类学家也号召关注女性和男性如何在他们自身内部协调社会性别。照片由丹尼·加沃夫斯基拍摄

“同不断提高的技术复杂性、畜牧业经济、工作中的性别隔离、男性创造性原则的象征性导向，以及压力联系起来” [34]，这种不平等显著增加。

153

桑迪等人的著作把对社会性别基础上的不平等的解释从生物学领域进一步移开。但是其他人认为，社会性别研究必须更远离以下对生物性别的假设：所有女人本质上都是相同的，她们因为拥有共同的生物性别而拥有相同的经验。尤其是黑人女性主义者，她们认为这种“同一性”的假设，破坏了致力于揭开性别运作方式，进而广泛地解决不平等现象的更大的女性主义课题。“黑人妇女的性别建构方式，”黑人女性主义者黑兹尔·卡比（Hazel Carby）这样写道，“不同于白人女性气质的建构，因为它还受到种族主义的影响。” [35] 卡比和其他黑人女性主义者认为，性别研究不能脱离历史、种族和阶级。事实上，“妇女”范畴和那些“男性统治”或“女性从属”范畴一样有问题，一样是民族中心主义的。[36]

对人类学家来说，这一激烈的讨论开启了在其文化背景中更全面地理解社会性别的新时代。在这样的文化背景中，性别之间不是截然对立的，而是处于不断协调的进程中。重新兴起的对民族志的重视，使得人类学家可以在当地背景下全面详细地描述社会性别的协调过程。[37] 反过来，这些民族志又为运用人类学知识从狭义上理解基于社会性别的不平等，以及从广义上解释更大的不平等体系，打开了一扇新的窗户。具有重要意义的是，这一讨论开始把焦点从基于相同生物属性假设的“妇女”，强有力地转向基于更广阔知识的“社会性别”，后者可以说明从“男性”到“女性”的性别连续统中的多种跨文化经验。因此，作为《妇女、文化和社会》作者之一的兰菲尔，在十几年后写下了这样一段文字：

> 所有这些探讨和争论，都引导我们呼吁更多关注个案，更多关注历史数据，这样才能对特定文化的形貌进行动态的而不是静态的分析；呼吁更加努力地建构看待男性和女性的复杂模型，不是将他们进行对立单独的分类，而是将其视作各自在每个社会中扮演着大量不同角色，这些角色又有着复杂的相互关系。[38]

截至20世纪80年代晚期到90年代，**女性主义人类学**（feminist anthropology）已经坚定地把自己的使命界定为在更为复杂和具有文化特殊性的框架内去理解社会性别，这一框架涵盖了男人和女人、替代性别、种族和阶级。不仅如此，女性主义人类学也重新设定了所有人类学家对文化的组成和结构的思考方式。事实上，有证据证明，它的确给整个人类学文化带来了深远的变化。正如亨丽埃塔·穆尔（Henrietta Moore）所写：“女性主义人类学不仅仅是研究女性。它研究社会性别、男女之间的相互关系，以及性别对人类社会、历史、意识形态、经济体系和政治结构的建构作用。在对人类社会的研究中，性别不能比‘人类行为’或‘社会’等概念更加边缘化。没有了社会性别的概念，就不可能开展任何社会科学研究。”[39]

154

回到起点：社会性别、不平等以及女性主义人类学对我们的启示

鉴于女性主义人类学的这些发展，《妇女、文化和社会》中所探讨的许多假设至今仍然成立。从国际卖淫圈到约会强奸，从不平等的收入水平到不平等的受雇标准，基于社会性别的不平等是一个极为真实的现象，男性统治和对女性的剥削亦是如此。尽管女性的从属地位可能不是真的无处不在或覆盖所有案例（纳扎雷、琉球群岛就是例外），但它的确是世界各地的普遍模式，过去如此（尤其是自从人类舍弃了采集狩猎之后），现在仍然如此（尤其体现在世界的核心国家和边缘国家之间的经济分化）。此外，对同性恋者、变性者以及其他替代性别者的歧视，也同世界上一些地区对女性的歧视一样显著。可以肯定的是，基于社会性别的不平等，仍然同10年、30年或者100年前一样真实存在。[40]

我们从社会性别、权力及不平等的更加深刻与微妙的复杂性中学到了什么？性别研究和女性主义人类学为我们提供了两个重要经验。首先，理解社会性别的复杂性能够极大地拓宽我们对文化的整体理解。了解社会性别的文化发展进程，使我们对这种最基本的人类现象有了独特的认识。例如，尽管并非所有地方和所有时代（过去和现在）的所有人都共享阶级（见第4章）或种族（见第1章）的经验，但是所有地方和所有时代的所有人都拥有作为某个社会或文化的一部分的经验，我们在这种社会或文化中以生物性别为基础发展，并协调社会性别。事实上，社会性别是文

155

化的奠基石之一，从婚姻到家庭再到亲属关系莫不如此，这将是我们下一章的主题。

其次，女性主义人类学既为我们提供了一个更深刻地理解社会性别基础上的不平等的视角，也发出了行动起来的号召。[41] 就像博厄斯一样，女性主义人类学家并不满足于单纯理解（按照本章的例子来讲就是）社会性别、权力和不平等之间的关系。复杂且经过激辩的知识，促使我们必须在地方和国际舞台上对女性和性别问题做出更加复杂的重新调整。但是，这种对行动的呼吁，并不局限在妇女研究或性别研究上。在多数女性主义学者继续解决我们世界中广泛存在的对女性的支配和剥削问题时，女性主义人类学（和一般意义上的女性主义学者）已经为理解和处理我们世界上所有类型的不平等的深层复杂性开辟了新的路径。这也是人类学家自现代人类学创立伊始就投身其中以之为己任的一项事业。

● 此时此地的人类学

想获得更多关于女性主义人类学研究，包括出版物、最新科研活动和其他主题的信息，请登录女性主义人类学协会（Association for Feminist Anthropology）的网站 www.aaanet.org/sections/afa（访问时间为 2014 年 1 月 9 日，特别推荐“Links and Resources”）。

第6章　工作、成功和孩子：关于婚姻、家庭和亲属关系

- 家庭简介：关于亲属关系
- 乱伦禁忌、外婚制和内婚制
- 婚姻的跨文化定义
- 婚姻所创造和维持的：不仅仅是作为社会联盟的婚姻
- 婚姻、家庭和亲属关系：对当代家庭的启示

在美国，我们会立即声明："我邻居的孩子是我邻居的责任，不是我的。"在一个家庭真正重要的世界，我邻居的孩子也将是我的责任。对其他人而言也是如此。

在当今世界，我们中的许多人都发现自己的生活总在围绕一个共同的问题打转：为了生存，我们需要钱；为了有钱，我们必须有工作。这种必要性反映在我们思考自身和他者的方式上，即我们越来越多地通过自己所从事的工作来定义自己。在美国，我

们遇到一个人时所问的第一个问题往往是："你是做什么的?"当然，这句话的意思就是："你是做什么工作的?"这种对话方式正在迅速传遍当今世界。

随着工作变动，我们领着自己的小型便携家庭，从一个城市漂到另一个城市，从一个国家漂到另一个国家。父母双亲常常全职工作，抚养一个、两个或更多孩子；或者经常是，单亲家长（几乎总是母亲）做一份、两份或更多工作，还负责在家养育孩子。在人类历史的大部分时间里，这种一两个人完全靠自己来养育孩子的情况是极为不寻常的，但是现在越来越司空见惯。

乍看上去，我们的小型便携家庭可能跟小型采集狩猎游群很是相似，后者也跟随采集和狩猎"工作"而不断迁徙。但是从功能、目的还有结果来讲，我们围绕着在国际资本主义经济体系中寻找工作来安排的家庭，在人类的格局中却相对较新。事实上，当我们比较来自世界各地过去和现在的人们时，这种类型的家庭极为少见。今天，美国主流的家庭理念有赖于两个人的结合或婚姻，他们将自己的家庭与其他家庭分开，并在这个独立的空间内抚养子女。这些孩子将长大成人，离开父母的家，建立自己独立的家庭，在那里他们将重复这一过程。

162

因而，对于不断流动的美国人来说，舍弃大家庭是件很正常的事。我们把那些仍然留在家里的人看作异类、脱轨者或者失败者。就是在这样的经验基础上，我们看到脱口秀节目不断以此作为煽动主题，如"还未离家的成年男女"。一个 40 岁仍同母亲生活在一起的男人，真让人吃惊！"我的天哪，赶快离开家吧，你这个男人！”一名女观众在她最终拿到麦克风时叫喊道，“你不能永远依赖你妈妈。你应该为自己感到羞耻！”

如果世界上其他国家的人在观看（确实有许多人在看）这个节目，他们可能（有时候的确）会对这样一幕感到困惑。为什么会有人想离开自己的家人，创建一个全新的、属于自己的家庭呢？老式家庭出了什么问题吗？为什么美国人能容忍如此大规模地抛弃他们的家庭？这就是声称有“家庭观念”的地方吗？这些人怎么了？

我记得曾跟我的基奥瓦报道人比利·埃文斯·豪斯（Billy Evans Horse）讨论过这些问题。我们谈论了美国意义上的成功。在我的成长过程中，对成功的定义是众所周知的美国等式：“获得工作+挣钱+离家生活+拥有自己的家庭=成功”；但是豪斯对成功的定义则是：养育他的孩子们，这样他们就可以平安地待在家里，照顾他们的父母，在**相同的**家里继续生养自己的下一代。事实上，豪斯

163

图6-1　比利·埃文斯·豪斯。照片由作者本人拍摄

162 家族是三世同堂。对于像豪斯这样传统的基奥瓦人来说，选择和原来的家庭一起生活，而不是离开家建立自己的家庭，才构成了真正的家庭观。豪斯问道，当大多数美国人总是选择工作、金钱还有独立（和离家），而不是家庭的时候，他们怎么能够声称自己有家庭观念呢？[1]

我们在对古今的人类家庭概念进行跨文化比较研究时发现，世界上大多数人都会赞成豪斯的看法。他所表达的并非仅是一个基奥瓦传统，还是一个人类传统，即家庭是首要的社会责任，也是个体身份的基础。那种把原来的家庭扔在一边去建立一个新家庭的渴望，在人类的发展格局中是相当新奇的。

163 家庭简介：关于亲属关系

对于人类历史上的大部分时期（以及目前世界上的许多人）来说，“家庭”在传统意义上一直由大型亲属网络组成，人类学家将这种网络称之为**亲属关系**。从跨文化角度来讲，亲属关系则基于由婚姻［或**姻亲**（affinity）］和生育［或**血缘**（consanguinity）］所创造的关系。我们会发现，这些人类现象，就像其他一切与人类有关的事物一样，也都是由文化建构的。例如，我们可能会发现，许多社会会把孩子同父母双方及他们的家庭的关系平等分配；其他社会则会把孩子的关系偏向母亲及其家庭比父亲及其家庭多一些，反之亦然。人类以令人惊异的多种方式，在婚姻和生育的基础上建立起“家庭”。[2]

举个近在手边的例子：基奥瓦人。与大多数美国人一样，基奥瓦人也是通过两边的家庭来计算亲属关系，与男方和女方的亲属关系都基本上平等分配（任何一个人跟父亲或母亲的兄弟姐妹的关系都差不多）。但是与大多数美国人不同，许多基奥瓦人计算家庭成员的方式更具有他们自己的传统特色。[3]那些可能会被大多数美国人称为"堂［表］兄弟姐妹"的人，在基奥瓦社群中则通常被称为"兄弟"和"姐妹"。大多数美国人称呼为"叔伯"和"阿姨"的那些亲属，基奥瓦人则会称他们为"父亲"和"母亲"。母亲的姐妹都被称为"母亲"，父亲的兄弟都被称为"父亲"，他们的配偶也可以并且有时会被称为"母亲"或"父亲"。[4]［基奥瓦语中称呼母亲的兄弟和父亲的姐妹分别有独特的术语，然而今天这些人在英语中都被称为"uncles"和"aunts"。伯娜丁·赫瓦纳·托因伯·罗兹（Bernadine Herwona Toyebo Rhoades）对当代做法进行了简要说明："你称呼母亲的姐妹为'母亲'，而母亲的兄弟则是你的舅舅。你称呼父亲的兄弟为'父亲'，而父亲的姐妹则是你的姑姑。"[5]］

164

● 此时此地的人类学

您可以登录基奥瓦部落办公室的官方网站 www.kiowatribe.org（访问时间为2014年1月9日），进一步了解俄克拉何马州的基奥瓦部落，包括他们多种多样的文化组织（其中许多是继嗣组织）。

今天的基奥瓦人可能在这一主题上拥有了一些不同的变化，特别是因为基奥瓦人计算亲属关系的方式，尤其是其古老形式，真是令人难以置信的复杂难懂；不同的亲戚有数不清的专门术语。现在的基奥瓦人在这一古老称谓体系的基础上，将其与主流美国家庭计算亲属的方式进行不同程度的融合（例如，使用英语中的“aunt”“uncle”“sister”“brother”“mother”和“father”）。[6] 这里的重点是，即使是今天，基奥瓦社区的任何一个人都可能有许多兄弟姐妹，也可能有许多父亲母亲。

165

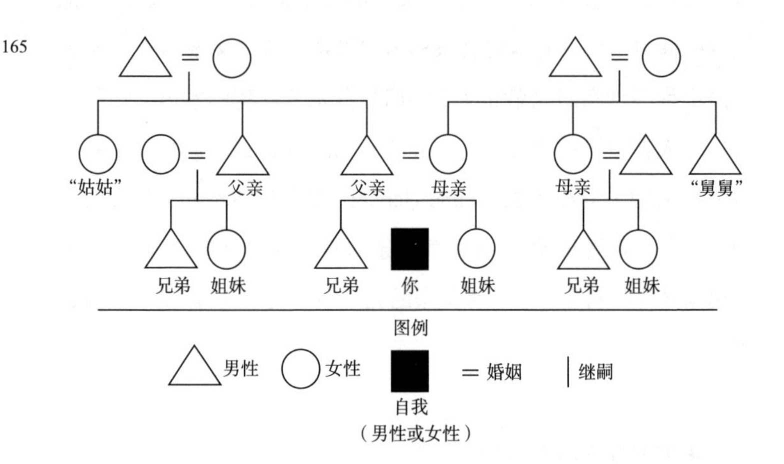

图 6-2 大多数美国人称呼“堂［表］兄弟姐妹”的那些亲属，在基奥瓦社区则被称为“兄弟”和“姐妹”。大多数美国人称呼“叔伯”和“阿姨”的那些亲属，在基奥瓦社区则被称为“父亲”和“母亲”。你母亲的姐妹都被称为“母亲”，你父亲的兄弟都被称为“父亲”

如果我们加上更多“直系”亲属，基奥瓦人的亲属系统就会变得更有意思。在基奥瓦人中，你不只有两对祖父母：你的祖父母的兄弟姐妹也都是你的祖父母。当然，反过来也是如此。一个老人可能会有许多孙子孙女，孙子孙女可能有一样多的祖父母。

稍后我会简要地解释一下这意味着什么。但是，让我们先再加上一代人。（这是它真正令我感兴趣的地方。）你的曾祖父母的称呼可能就像是你的兄弟姐妹一样。事实上，你会称呼你的曾祖母为“大姐姐”，而她可能会称呼你为“小弟弟”或“小妹妹”，依你的性别而定。

把这些都考虑进去，想象一下你有许多兄弟姐妹、父亲母亲、祖父母、“大哥哥”和“大姐姐”。反过来也是如此。即使你没有结婚，你也可能会有许多子女（你的兄弟姐妹的子女）、孙子孙女，甚至可能还会有许多“小弟弟”和“小妹妹”。你能哪怕只是想象天天生活在这样一个亲属系统中吗？好吧，基奥瓦人就是这样，即使是在今天。“基奥瓦人在如何与其他基奥瓦人建立关系上投入很大，这在俄克拉何马州的西南部非常有名，”基奥瓦人、人类学家小格斯·帕尔默（Gus Palmer Jr.）写道，“事实表明，基奥瓦人竟然是一个大家庭，这令大多数非印第安人捉摸不透。他们真的很难相信你有那么多的祖父、父亲和兄弟。”[7]

166

值得注意的是，基奥瓦人亲属之间的称谓不仅仅是一种标签，它们也意味着与他者之间的特定关系和责任。作为基奥瓦世界中的一员，你那么多父母亲就跟你的亲生父母一样，对你负有责任：他们可以管教你；如果你的亲生父母去世或离婚，他们还可以照顾你；他们如果有能力的话，可能会帮你完成学业，就像你的亲生父母一样。祖父母和孙子孙女的关系则有点不同：他们就是打算溺爱对方。一开始是祖父母溺爱孙子孙女，随着孙子孙女长大成人，他们会以同样的方式回报祖父母。孙子孙女们会带祖父母去参加帕瓦仪式（powwow），会带他们去看电影，甚至可能会在他们生病时照顾他们。你与许多兄弟姐妹的关系，会成为你所拥有的最重要的关系。从历史角度来讲，基奥瓦人兄弟姐妹间的联系是所有联系中最重要的：它通常比你和你的父母甚至是你同你的配偶之间的联系还要重要。据说，“一个女人常常可以得到另一个丈夫，但她很难得到另一个兄弟”[8]。即使在今天，一个妹妹仍可以向哥哥要求任何东西，而他必定会毫不迟疑地给予，反之亦然。你同你的“大姐姐”或“大哥哥”的关系，就像你同你的兄弟姐妹的关系一样：你们互相照顾对方，无论要付出多少。在基奥瓦人的世界里，没有人不和他人发生联系，因而也就没有人无人照顾。“几乎每个基奥瓦人都以某种方式与另一个基奥瓦人存在联系。”帕尔默写道。[9]

这种特殊的计算亲属关系的方式，在世界上其他地方也能找到（例如，其他原住民群体也存在与此相似的计算亲属的方式）。但是，即使在这一系统内部，也存在惊人的多样性。事实上，人类学家曾就不同社会之间如何划分亲属关系做过许多区分；但是一般来说，人类学家把那种将父母双亲两边家庭看作有相似关联的亲属系统（就像通常美国家庭那样，“堂表兄弟姐妹”在每一方都用“cousin”称呼）称为**双边亲属关系**（bilateral kinship）。即使主流美国人和基奥瓦美国人或许以一些极为不同的方式称呼各自的亲属，但他们的确和世界上其他许多群体普遍共有一种双边亲属关系。

167

即便如此，人类学家已经沿着这些关联脉络鉴别出大量不同的亲属体系，其中许多都是基于**继嗣**（descent）；换句话说，亲属关系的分配通过共同的祖先来追溯。一些双边继嗣群体计算继嗣关系可能没那么正式，会同时计算父系和母系，人类学家通常把这种情况称为**并系继嗣**（cognatic descent）。（例如基奥瓦社区就有这样一些家庭继嗣组织，组织成员会把各自之间的亲属关系追溯至杰出的基奥瓦领袖。[10]）然而，其他群体则会专门从父系或母系一方更为正式地追溯继嗣关系。这种方式与双边继嗣在计算亲属关系方面极为不同，人类学家通常将这种亲属计算方法称为**单边继嗣**（unilineal descent）。通过父亲或母亲一边的家庭来计算继嗣的方式被分别称为**父系继嗣**（patrilineal descent）或**母系继嗣**（matrilineal descent）。

我们首先来看一下母系继嗣。在实行母系继嗣的社会中，所有成员，包括男性和女性，都通过母亲一边的家庭来追溯他们的亲属关系。作为一个母系继嗣社会的成员，无论你的性别如何，你（当然）都是同你的母亲和父亲相关联的。尽管你可能认为因为父母的婚姻，自己和父亲及其亲属也存在联系，但是你生来就被认为和母亲家庭的联系更为直接（并且是其中的一员）。你同父亲家庭一边的亲属关系截至你的父亲为止。尽管你可能（依你所居住的社会而定）会因为婚姻关系而把他的亲属看作远亲，但你跟他的父母或兄弟姐妹及其子女没有直接关系。简而言之，他们都处在你的真正家庭之外，你的真正家庭是由你母亲的亲属组成的。

168　在这一系统中，你和你的母亲、她的父母及兄弟姐妹，以及她的女性亲属的孩子们关系紧密。在母系社会中，因为亲属关系不是按照男性亲属来传递的，你也就不会与母亲的男性亲属的任何孩子（表兄弟姐妹）有紧密的关系。

父系继嗣的情况和母系继嗣正好相反。所有人，不论男性和女性，都通过父系家庭计算单方亲属。亲属关系不是通过女性亲属来追溯的，当然，这意味着你与父亲的女性亲属的任何孩子（表兄弟姐妹）都没有什么紧密的联系。在这两个单边继嗣体系中，母系继嗣更为少见，但是民族志学者曾描述过这两种继嗣体系在全世界的多种形式，从非洲到欧洲、亚洲、南太平洋及南北美洲。

单边继嗣可以变得非常复杂。在双边体系中——就像大多数美国人，包括基奥瓦人在内——家庭的边界（开始和结束的地方）可能是模糊的。但在许多单边继嗣社会（母系或父系社会）里，家庭在空间（当下在世的家庭成员）和时间（过去的家庭成员以及将来要成为这一家庭成员的人）上，通常会更正式地组成**世系群**。世系群是由一些父系或母系继嗣家庭组成的大型继嗣群体，通常拥有高于或超越世系内任何特定家庭的权力。这种大型家庭世系，既可以追溯到过去，也会一直延伸到未来；也就是说，每169　个人生来就处在一个世系之中，而不仅仅是家庭之中。例如，世

167

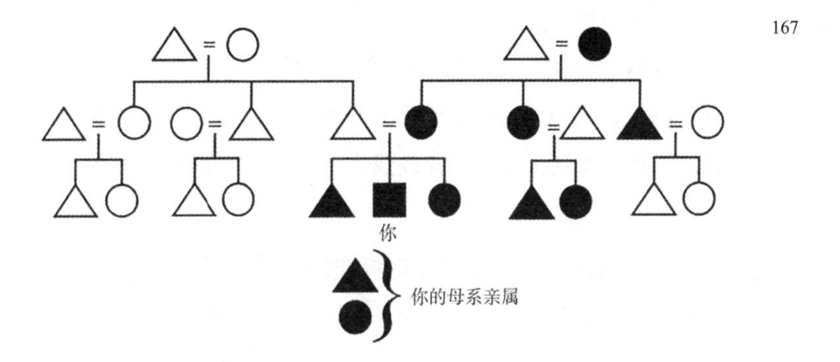

图 6-3　母系继嗣

168

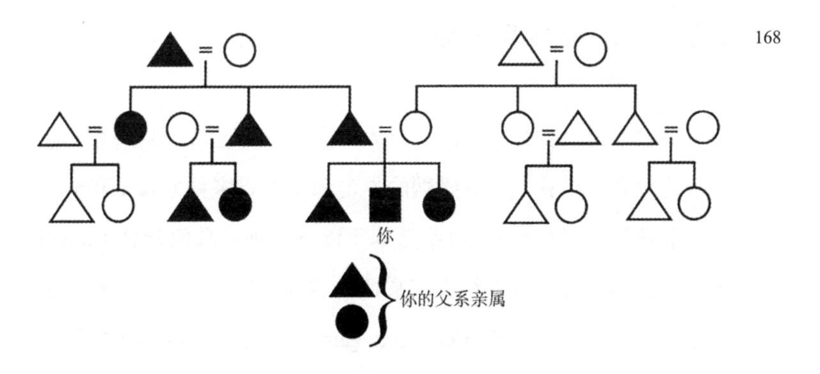

图 6-4　父系继嗣

169 系对于在部落政治结构内组织几个村庄可能很重要。或者，世系也对父子或者母女之间的财产或土地的继承非常重要。

世系群可以（也常常）组成更大的群体单位，即由几个世系群组成**氏族**（clans）。当我们开始谈论氏族时，我们不再是谈论数以百计的人，我们谈论的是成千上万的人。事实上，对于那些实行氏族继嗣规则的人来说，氏族或许一直追溯到时间的开始，并且可能会不断延伸到未来。

在氏族系统中，人们会记住并随时了解你来自哪个氏族以及你自出生起所属的氏族。在这些社会中，这是你最先学到的事之一。例如，在许多美洲原住民的单边继嗣社会里，人们首先会问彼此属于哪个氏族。这样的问题之所以重要有许多原因，其中最重要的莫过于确定这个人是不是你可以结婚的对象。

乱伦禁忌、外婚制和内婚制

一般来说，古往今来的所有人都会区分自己可以结婚和不能结婚的对象。尽管人们对**婚姻**的界定和实践有多种方式（我会在下一节解释），但禁忌一般都是基于以下三种：**乱伦禁忌**（incest taboo，控制亲属之间的性交或婚姻）、**外婚制**（exogamy，和特定群体之外的人结婚）和**内婚制**（endogamy，特定群体内部通婚）。[11]

乱伦禁忌或许是这三者中最重要的一个。就像其他一切文化性事物一样，乱伦禁忌在不同社会、不同文化之间的建构也有所不同。比如，在今天的美国社会，乱伦一般都定义为和近亲发生性关系，如与子女、双亲、祖父母、阿姨姑母、叔伯舅、堂兄弟姐妹或表兄弟姐妹。作为双边继嗣群体，我们倾向于认为每个人同父亲和母亲两边家庭的其他成员的亲疏关系大致相等。在这种情况下，我们不会想和他们发生性关系。

但对世界上许多其他人来说，乱伦禁忌没这么简单。在许多单边继嗣系统中，乱伦禁忌的界定和那些双边继嗣群体的界定方式极为不同。在这些继嗣系统中，特定的所谓堂表亲（从我们双边继嗣的视角来看）都在乱伦禁忌之外：他们不是直接和你有关系，因为继嗣不会通过男性（在母系继嗣系统中）或女性（在父系继嗣系统中）追溯。因此，在母系社会，乱伦禁忌并不包括你父亲一边家庭内的所有兄弟姐妹，或者你母亲的兄弟的孩子即舅表兄弟姐妹。他们被认为是外婚的（exogamous，在你自己的世系之外）。在一些母系社会中，这些表兄弟姐妹可以被认为是理想的结婚对象，这种婚姻模式被人类学家称为**交表婚**（cross-cousin marriage）[在中国又称“姑舅表婚”——译者注]。之所以理想，是因为这种安排有助于维持已经建立起的家庭之间及其内部的关系。

170

同样模式的交表婚，也会出现在父系社会中。在那里，母亲一边家庭的所有兄弟姐妹以及父亲的姐妹的孩子并不是直接亲属；因此，他们是不包含在乱伦禁忌内的。但是在一些父系社会中（例如一些阿拉伯群体），这条规则有个罕见的例外。在这些社会，由于财产是通过男性脉络传递，跟父亲的兄弟的孩子结婚就成为一种理想模式，因为这样就保持并加强了世系内部

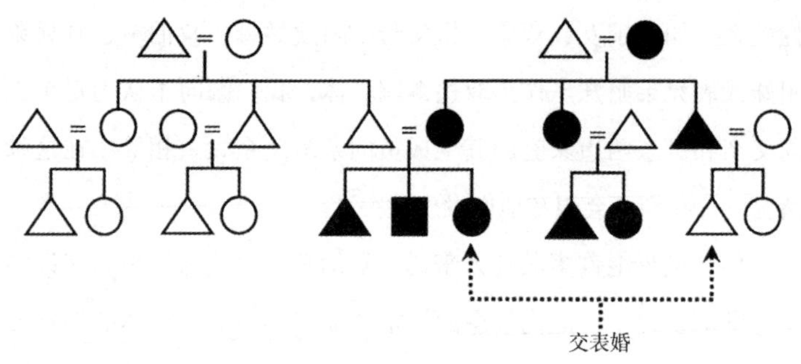

图 6-5　母系继嗣

财产的传递［人类学家称这种婚姻实践为**平表婚**（parallel-cousin marriage）］。尽管平行堂兄弟姐妹是族内婚（世系内的婚姻），他们仍被认为是可以结婚的对象。在家庭“内部”结婚，也同样存在于其他地区。极端的例子包括亲兄弟姐妹间结婚，比如某些古代国家王室的婚姻。［还记得克利奥帕特拉（Cleopatra）吗？］不过，当我们考察世界范围内的婚姻实践时，堂或表亲婚并不像它们听起来那么不寻常。但是这样一来就把我们带回到非常重要的一点上：透过民族学的视角来看，乱伦禁忌以及由此引起的外婚制和内婚制，具有惊人的多样性；有些在我们看来非常奇怪，这是因为我们是通过双边继嗣系统的视角来看待这个世界的。但即使在我们这些实行双边继嗣系统的人中，对于“家庭”以及“婚姻”的考虑也具有高度异质性，就像基奥瓦的例子所表明的那样。因此，极其重要的是，我们要认识到：生活在父系或母系继嗣系统中的人们，是带着和我们同样强烈的眼光，通过他们的亲属关系系统来看这个世界的。

171

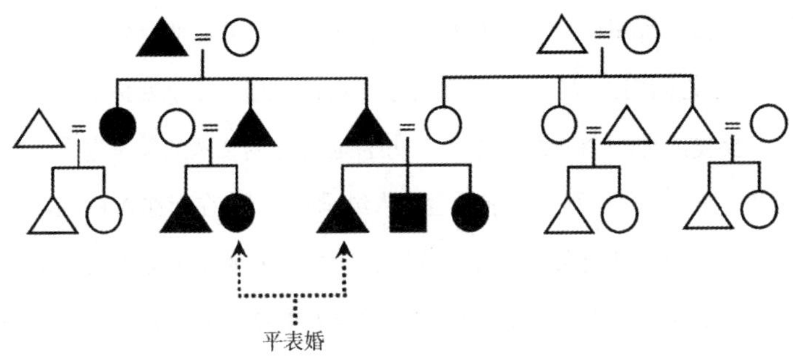

图 6-6　父系继嗣

婚姻的跨文化定义

显然，乱伦禁忌、外婚制、内婚制，以及最终的婚姻的部分目的，就在于控制性行为以及生育子女；但从跨文化角度来讲，从过去到现在，婚姻具有一系列目的，远远超出了对性行为的约束或生育子女。出于许多原因，婚姻对亲属关系极为重要；或许最为重要的是，通过婚姻，亲属群体才能建立和维持家庭。长期以来，人类学家一直都在努力界定婚姻，因为婚姻实践多种多样，有着许多不同的形式，同时也满足了许多不同的目的。[12]

许多现代美国人都倾向于把婚姻当成男人和女人的结合，不一定生育孩子。这一定义确实够简单明了。但是除了有点民族中心主义外，这一婚姻观念并不能轻松地解释所有形式的婚姻，例如我们在过去和现代的民族志记载中发现的那些例子。例如，“女性丈夫”（female husbands）或**妇女婚姻**（woman marriage）在非洲许多社会中都很普遍。[13] 在努尔人（Nuer，南苏丹一个放牧的

172

父系群体）那里，一个妇女如果不能怀孩子，可能就会娶一个"妻子"，让她同男人发生性关系来怀孕。但是，这个孩子要称第一个女人（娶妻的那一个）为"父亲"，并且通过她的父亲的父系世系继承财产（如牛，因为孩子不能通过女人继承财产）。在南迪人（Nandi，肯尼亚一个放牧的父系群体）那里，一个女人如果不能为丈夫生儿子——这对财产从父亲到儿子的传递至关重要——或许就会与另一个女人结成无性婚姻，而这个女人就像努尔人的例子那样，要和一个男人发生性关系来怀上孩子。还有一个与努尔人的例子很像的地方，孩子现在就可以通过他们的女性"父亲"来继承财产。在西非的部分地区，一个富有且外出工作的已婚女人，或许会娶另一个女人来照看家里并照顾孩子。在非洲南部的一些班图人（Bantu）族群那里，"妇女婚姻"会采取几种不同的形式：在祖鲁人（Zulu）中，如果一个父亲死了但是没有男性继承人，他最年长的女儿会取代他的位置，去娶另一个为他生育男性继承人的女人。[14]

● 此时此地的人类学

BBC报道了肯尼亚女人的传统同性婚姻，财产可以通过这种传统婚姻形式继承，并于2012年得到了最高法院裁决的支持。这篇报道名为《肯尼亚的合法同性婚姻》（"Kenya's Legal Same-Sex Marriages"），参见网址www.bbc.com/news/world-africa-16871435（访问时间为2014年1月9日）。

我们在思考美国的婚姻时，心里往往会有一个关于婚姻的定义，上面所说的这些显然不符合这一定义，难道不是吗？“女性丈夫”或“妇女婚姻”，对大多数美国人来说都显得非常奇异，但是这种灵活性无论在过去还是现在的民族志记录中都常常出现。（同样也包含一些僵化的东西——例如，在一些父系社会中，女人会因没有生出男性继承人而面临死亡。）知道了这么多例子，我们或许会认为，婚姻从跨文化角度来讲是一种社会公认（即使不是生物上的）的“男性”和“女性”的结合。但是，人类的婚姻实践比这可能隐含的内容多样化得多。许多现代民族国家都认可同性

173

图 6-7 许多美国人都认为，同性间的结合（就像照片上的公开仪式所展现的）是一种现代现象。但是在世界上的一些地方，同性婚姻——就像“女性丈夫”或“妇女婚姻”的广泛出现——事实上是一种非常古老的婚姻实践。照片由丹尼·加沃夫斯基拍摄

结合，后者并不总是如社会或法律上所认为的一人为“丈夫”、一人为“妻子”。或者你也可以思考更为普遍的**多偶婚**（polygamy），即一个人和两个或多个配偶结婚。

多偶婚在世界各地一直都有记述。一般来说，它有两种形式：**一夫多妻制**（polygyny，一个男人娶不止一个女人），**一妻多夫制**（polyandry，一个女人嫁给不止一个男人）。一妻多夫制是两者中相对少见的，人类学家主要在南亚的文化中对其有所描述。例如，在喜马拉雅山脉，兄弟几人可能会娶一个妻子，以防止他们的财产（尤其是有限的土地）由他们的孩子瓜分。此外，如果其他兄弟必须在外面待上很长一段时间，总会有一个丈夫在家陪伴妻子。[15] 多偶婚更为普遍的形式是一夫多妻。不同于一妻多夫，一夫多妻的婚姻形式遍布世界各地，从亚洲到非洲再到美洲。以

174

贝都因人中的拉沙伊达（Rashaayda）部落（苏丹东部的阿拉伯牧民）为例，一个男人可能会迈入同时有几个妻子的婚姻中，每个妻子都有自己的家，她们和自己的孩子生活在其中。这些妻子之间的确会出现关系紧张，但是根据传统，丈夫一定要平等地对待他的每位妻子。民族志学者威廉·C. 扬（William C. Young）写道：“如果一个一夫多妻制下的已婚女人发现任何遭到不公平对待的迹象，她就会向自己的兄弟们抱怨，他们会对自己的家庭及意愿遭受怠慢而感到非常气愤，所以会在她和丈夫发生争吵时支持她，并且在她想要离开丈夫而提出离婚时，也会支持她。”[16]

由于我们认为丈夫必须平等地对待每位妻子，包括供养她们每个人和她们的孩子，你或许会推断说，所有的贝都因男人既不

想也不能缔结一夫多妻的婚姻。好吧，你提出的理由很正确。一夫多妻可能是贝都因人的理想，然而在实际生活中，只有很少的男人和他们的家庭可以负担得起。这就造成一般意义上一夫多妻制婚姻的一个重要事实：在世界上认为一夫多妻制最为理想的人中，只有极少数男人和他们的家庭可以真正实行这种婚姻，因为多数人都没有足够的资源去这么做。[17] 作为美国人，我们倾向于通过我们自己的婚姻观——婚姻制度建立在两人之间性关系的基础之上——来看待这种多偶婚的结合（包括一妻多夫制和一夫多妻制）。但是，实际上，多偶婚所包含的内容不仅仅是不同的性伴侣。例如，在一些北美大平原印第安部落中，男人常会娶第一位妻子的未婚姐妹为妻。否则在这样一个充满战争、普遍缺乏男人的社会中，这些姐妹可能会被丢下，无人照料。[18] 而在贝都因人的拉沙伊达部落中，男人通常会一夫多妻，以此来扩大他们家庭的规模，这样能够使他们在政治事业上更加一帆风顺。[19]

与一切其他文化性事物一样，当今世界各地的人们也在争论和协调这些婚姻习俗。事实上，一场关于多偶婚的目的和意义，尤其是一夫多妻制以及它与妇女从属地位之间关系的国际争论，仍在激烈进行。[20] 或许这看起来有些“没头没脑”，但它的确是一个极其复杂的问题。比如，我们可以看一下，主张一夫多妻制的美国新闻记者、律师伊丽莎白·约瑟夫（Elizabeth Joseph）是这样说她所谓的“终极的女性主义生活方式”的：

> 我经常说，如果多偶婚不存在，当代美国职业女性也会把它发明出来。因为，尽管它名声不好，但多偶婚是唯一为独立女性提供真正“拥有全部”机会的生活方式。……作为一名记者，我在快节奏的环境中不知道会一连工作多少个小时。新闻决定着我的工作时间表。但我是否要打电话回家，麻烦我的丈夫去接放学的孩子，然后在微波炉里热点东西，以及哄他们上床睡觉，仅仅是因为万一我真的回去晚了？因为我有多重婚姻安排，我不需要担心这一切。因为我知道，当我必须工作到很晚的时候，我的女儿将会待在家中，爱她的大人们会围在她身边，这些人都是在一起时让她感到舒服的人，也是不用我提醒也知道她的时间安排的人。我8岁的女儿从没进过日托中心，我的丈夫也从没吃过冷冻快餐。并且我知道，当我下班回到家，就算我累得要死，精疲力竭，我也可以一个人待着而没什么愧疚感。很少有我丈夫的八位妻子同时都感到疲惫不堪压力又大的时候……对女性来说，多偶婚是一种更能掌握自己命运的生活方式。[21]

175

无论在这一问题上你会站在哪个立场，当我们想要把自己民族中心主义的看法放在一边，寻求从“本地人观点”来理解（不一定非要赞同）时，婚姻似乎就有点复杂了。

这让我想起第3章中讲到的民族志的目的：当一项文化研究可以让我们欣赏他者的生活方式，那么它也能够教会我们关于自己的一些事。当我们努力在更大的世界背景中领会婚姻的跨文化角色，我们会开始理解婚姻可能远远不只是“束缚在一个神圣结合中的”两个人生育他们的孩子，而孩子又是父母的唯一责任。当我们思考民族志记录的复杂性时，婚姻常常会被大多数人放在一个更为庞大的亲属网络中去考虑。简单来说，在人类的格局中，婚姻并不是大多数美国人所认为的关乎性或爱情；从跨文化角度来讲，婚姻关乎创造并维持社会关系，而不是性关系。婚姻更多的时候是社会的（即包含在更大的亲属网络之中），因为它不仅仅是丈夫－妻子－孩子的三角模式，而许多美国人就是通过这一点来判定自己和他者的婚姻与家庭经验的。

婚姻所创造和维持的：不仅仅是作为社会联盟的婚姻

正像家庭在界定社会责任和个体身份上十分重要一样，与我们建立家庭步入婚姻的人也很重要。事实上，他们并非完全存在于家庭之外（“跟我们没有亲戚关系”），而仅仅是因为他们不适合结婚。关于婚姻，首要考虑的问题是其后果和影响，尤其是婚姻的结合所涉及的其他家庭的责任。 176

例如，直到不久前，生活在非洲南部的昆人一直都是采集狩猎者。一场昆人的婚礼过后，在理想情况下，新婚夫妻或许会住在新娘的父母家或者附近一段时间，人类学家称之为**从母居**或**从妻居**（uxorilocal residence）。与此同时，昆人男人必须为妻子的家庭打猎，人类学家称这种服务为**新娘服务**（bride service）。正如你所想象的，家庭最大的收益莫过于有女儿结婚，因为她们的丈夫将会帮助供养这个大家庭。家庭的回报是为这对夫妻提供住所，并在婚后最初的几年内帮着抚养孩子。通过这一系统，所有已婚人士基本都与一个大型关系网络紧密相关，他们对网络中的人负有直接责任。[22]

新娘服务并不只在昆人那里找得到，事实上，它是普遍存在的。这里我们可以对比一下昆人和基奥瓦人的例子，后者在某些情况下也实行某种新娘服务。兄弟姐妹关系是基奥瓦亲属关系的关键。婚姻有时就是围绕这一最为重要的关系建立起来的。例如，精英和地位高的勇士可以恳求他们的姐妹出嫁，以迫使这些姐妹的丈夫在战斗中帮助他们。简而言之，一个精英战士会利用婚姻让威望较低的战士服从他；基本上，他会让新的姐夫或妹夫为他及他的家庭工作。例如，在抢马斗争中，威望较低的战士有义务把他抢到的许多马送给他妻子的兄弟。对于那些威望较低而又想要提升自己地位的战士来说，他们最好同妻子的兄弟联合起来，而那个人则最好是一个有威望的战士。[23]

新娘服务在世界范围内广泛存在，但这并不是唯一的婚姻/家庭责任。在许多单边继嗣社会（以及一些双边继嗣民族）中，结婚时丈夫的亲属要送礼物给妻子的亲属，人类学家称其为**聘礼**（bridewealth）。在许多社会中，聘礼的重要性在于，它建立了一种可以贯穿婚姻始终的互惠关系。比如说，在一些母系继嗣社会，妻子的母系家族有义务回报最初的聘礼，在丈夫的母系家族中有婴儿出生和有人去世时提供帮助。丈夫的母系家族同样有义务在需要的时候帮助妻子的母系家庭。这种你来我往的互惠贯穿

177

婚姻始终；每个家庭都有责任在照顾孩子、支付家庭仪式费用，或是在母系家庭可能面对或遇到的任何问题上，互相帮助。

想象生活在这样一个社会里，你不但需要承担自己家庭的责任，还要承担那些因为婚姻而联系到一起的家庭的责任。在许多古往今来的社会中，这种责任都是不可逃避的。你的一生都处在亲属关系网络之中，这一网络由你的直系血缘家庭和姻亲家庭中的亲属组成。事实上，每个人的一生都是在婚姻产生并维持的、相互交织的多种责任和义务中度过的。

这种模式同样也在父系社会中普遍存在。例如，在许多传统的欧洲和亚洲社会，妻子的家庭需要把她继承的财产送给丈夫的家庭，人类学家通常称之为**嫁妆**（dowry）。你或许会觉得，结婚对丈夫家庭是最有利的。但这同样也是为了更好地维持婚姻，因为一旦离婚，妻子的家庭就有权要回嫁妆。事实上，这些家庭（尤其是男人，他们常常是操控者）在这一婚姻中有大量的投资。

这里还有一个传统中国的例子：结婚和生儿子对于父系家族的延续是至关紧要的。婚后，妻子居住在丈夫的家里［用专业术语来说，是**从夫居**（virilocal residence）或**从父居**（patrilocal residence）］，她的主要任务就是生孩子（尤其是儿子）来延续丈夫的父系家族。不同于基奥瓦人理想的兄弟姐妹关系，这里的关键关系是父子关系。女儿们总会离开家，为另一个父系家族生儿育女。[24]

在父系社会中，普遍存在为父系家族繁衍而生儿育女的情况，但在不同的社会中有着许多不同的形式。非洲“女性丈夫”

就是一个例子，尽管她们对于财产和孩子由男性传承的坚持不一定像传统中国社会那样严格。当然，这些实践如今正日益在世界范围内相互调和。在过往的几十年里，中国的立法机构已经通过相关法律削弱男性在传统父系制度中的作用，而且嫁妆在一些民

178

图 6-8　婚姻不只是把个人联系在一起，它同样强化了群体之间和内部的关系。在位于华盛顿州的隆米印第安人居留地（Lummi Nation）上，举办了一场融合了新旧传统的海岸撒利希人（Coast Salish）婚礼，新郎新娘正在交换戒指（上图）。新娘的家庭成员准备了一条独木舟，上面装满了食物和各色礼物，送给新郎的家庭（下图）。照片由乔西·利明（Josie Liming）拍摄

族国家也已被宣布为不合法。[25] 然而，要想改变人们的家庭建构方式这么基础的东西，并不容易。试想一下，如果美国国会通过一项法律，要求我们从现在开始按照母系计算亲属，我们真的会疯掉！“什么？男人要跟老婆姓？”街上必定会发生骚乱。 179

不管我们如何看待这些婚姻实践，这些例子都再一次证明：跨文化意义上的婚姻，绝非两个人之间的性结合那么简单，而是关乎建立和维持更大的社会网络。通过婚姻而达成的更大的社会交换不能被低估，尤其是在有权势的大家族间交流协商的时候。

有了上述内容，就很容易理解为什么许多这样的大型家族有兴趣维持婚姻了，因为维持婚姻就意味着维持更大的社会网络。在一些社会中，若妻子去世，鳏夫可能会娶妻子的姐妹，或是来自妻子家族的另一个女人［人类学家称这种普遍做法为**妻姐妹婚**（sororate）］，借此来维系他和这一家族的关系。在基奥瓦人中，如果一个妻子死了，未婚的妹妹去接替她姐姐的位置并非闻所未闻。毕竟，孩子本身既是她姐姐的，也是她的。（因为她是死去的女人的妹妹，孩子们同样称她为“母亲”。）

这种婚姻实践也会以另一种方式进行。如果丈夫死了，寡妇可能会嫁给丈夫的兄弟，或是来自丈夫家庭的另一个男人［人类学家称这种普遍做法为**夫兄弟婚**（levirate）］。例如，当我妻子的祖父去世时，他的两个兄弟从爱尔兰来到美国，帮助养育和照顾他的孩子们。他们一直待到孩子们离开家。无论出于何种目的或意图，他们在这段时间扮演代理丈夫和父亲的角色。

这种实践（妻姐妹婚、夫兄弟婚）在世界各地都有发现，并且表明了人们把婚姻、家庭还有亲属关系看得有多么重要。再重申一遍，婚姻就其对大型群体的意义而言尤其重要；它的重要性已经超越了我们自身带有民族中心主义的假设，即认为婚姻不过是两个人之间的，而且一旦结了婚就要建立独立的家户［这一实践通常被人类学家称为**从新居**（neolocal residence）］。即使是离婚（在民族志记录中也普遍存在），婚姻的破裂在许多社会中并不总是表示家庭责任的中断。在像昆人或基奥瓦人这样的社会里，离婚并不代表只剩父亲或者母亲来抚养孩子。因为孩子属于一个更大的亲族群体，他们会接受双边家庭的照料，即使在父母离婚之后。这一责任，在婚姻伊始便开始履行。由婚姻而产生的亲族连接并不消失。事实上，由于孩子属于更大的群体，抚养他们也就成为这些更大群体的责任，而不仅仅是两个孤立的个体的责任。

180

婚姻是普遍存在的，因为它创造、再造和维持了更大的群体。婚姻建立在乱伦禁忌基础上，迫使人们在自己家庭的狭隘范围之外建立群体。因为人们依靠文化生存，文化又存在于社会（互动的人类系统）中，所以从民族学的角度来讲，婚姻的内涵远远超出其本身。婚姻实践促使人们跨越“我们”和“他们”的狭隘想法，在更大的群体间建立关系和联盟。它与亲属关系存在文化关联，它要求人们思考自己和直系亲属之外的关系。因此，它正是全世界传统社会的运转核心。[26]

许多人类学家（当然不是全部）由此提出，乱伦禁忌及在此基础上缔造的婚姻，都是为了建立我们所知道的人类社会。乱伦禁忌、婚姻，以及由此二者创立的族群联盟催生了每个人都对其他人负有义务的社会；在这种社会中，每个人不仅感到对周围的人负有责任，也把这看作他们深层次的家庭责任。这种认识在今天已经很难为我们大多数人所完全欣赏和理解。[27]

婚姻、家庭和亲属关系：对当代家庭的启示

今天，家庭依然在快速变迁。我们越来越多的人生活在小型的、便捷的、相对受限的核心家庭里。这倒不一定是因为我们愿意这么做，而是因为我们必须这么做。作为全球市场体系的一员，我们不得不在其中工作谋生。这一体系极为看重的一点就是流动性；简单来说，如果我们要工作，就必须随工作而动。只有适度的核心家庭，才能小到足以让我们从这一工作岗位换到另一工作岗位。因此，随着搬家、分裂、再搬家，我们一代代有规律地创造和再造着我们的家庭。

181

例如，我的父母在20世纪中叶离开了他们各自的家庭农场，因为在这个日益由越来越大的公司运营的农场所主导的世界中，小型家庭耕作已经很难养家糊口。我父母双方的家庭，放弃了他们代代生活的社区，干起了耕作以外的其他工作。这些家庭的第二代和第三代自那时起就离开了养育他们的社区，现在分散在美国各地。我的家人分散不是因为我们想要分开生活，而是因为我们不得不跟随各自选择的工作而定居。像大多数美国人一样，我们主要是通过工作来定义自己以及自己的成功，而不是根据我们同家人的联系。

图 6-9　我母亲的家庭农场。照片由作者拍摄

在刚刚过去的100年间，类似这样的家庭和工作经历已经变得司空见惯。如今，美国家庭正在日益趋同：小型核心家庭成为适应更大的市场体系的理想类型。核心家庭是未来消费者和劳动者的生产地，因为他们不得不选择工作、生产和消费而不是家庭。

182

当然，基于你站在何种立场，你可以指出这一新型“家庭”的许多优点：我们可以选择不要孩子（正像我和我的妻子做的那样），而且不会因此而受到排斥；我们不必受到家庭控制或责难的约束（我妻子的兄弟并没有强迫她嫁给我）；我们没有义务同对方的亲属生活在一起，或者供养他们（“谢天谢地！”我妻子的亲戚们准会这么说）。

从很多角度（包括我的）来看，这都算得上是一种理想状况。但是（总会有一个“但是”），它也一定会付出代价。从民族学的观点来看，我们已经不再生活在那种对他者负有广泛责任的家庭中。例如，曾经有数十位父母（妈妈、爸爸，还有他们的兄弟姐妹）养育孩子，并把孩子看作共有的责任；而在今天，只有一两个人单独抚养孩子。从民族学观点来说，这是全新的现象；全世界从来没有这么多人像这样去养育他们的孩子。我们尚未充分理解这些变化的后果：我们经常把我们社会中孩子的问题完全归咎于父母，而没有考虑到更大的经济体系破坏了我们的社区，分散了我们的家庭，支配了我们的生活。

那么，我们该怎么办呢？我们可以从人类学对婚姻、家庭以及亲属关系的讨论中学到什么呢？有什么可以应用到我们自己的家庭和生活中？有些事情值得思考。重要的是，我们必须认识到：只要我们生活并工作在资本主义经济体系中，我们生活的结构就改变了，因此家庭观念也发生了改变；事实上，家庭很可能永远不会像以前那样。当我们对比现代核心家庭与过去和现在其他形式的家庭时，可以看到：我们对他人的家庭责任感已经大大缩小了。所以，我们关于对他人责任的总体看法——尤其是跟那些与更大规模的家庭理想建立联系的社会比较起来——已经显著恶化了。

这并不意味着生活在今天的人们没有对他人负责的意识，事实上，他们的确有。在大型社会里，人们一直都在亲属关系领域之外建立社会联盟、政治联盟和经济联盟（见第 4 章）。他们以惊人灵活的方式适应了多变的环境。有了这一点和我们对家庭的新认识，或许我们应该更加自觉而明确地认识到，在我们已经离开的人类家庭的狭隘框架之外同他人建立联系并对他人负责的意义和重要性。可以肯定的是，今天这样做更难，但并非没有可能。例如，在美国，我们会立即声明："我邻居的孩子是我邻居的责任，不是我的。"在一个家庭真正重要的世界，我邻居的孩子也将是我的责任。对其他人而言也是如此。

183

● 此时此地的人类学

人类学家密切研究了过去几十年来家庭所经历的各种变化。人类学家布赖恩·霍伊（Brian Hoey）研究了究竟有多少中产阶级家庭积极选择重新调整他们的工作生活（有些花费很大代价），搬迁到他们可以更好地掌控自己与家庭及社区的关系的地方。在《选择其他地方》（*Opting for Elsewhere*）一书中，霍伊提出这些家庭的故事都是一场公开辩论的一部分；辩论的主题是在一个经济不确定外加社会类别和文化意义多变的时代，什么是美好生活。霍伊的研究记录了后工业经济重组所产生的翻天覆地的变化如何影响了人们，以及他们工作和生活的场所。登录网址 brianhoey.com/research/research-lifestyle-migration（访问时间为 2014 年 1 月 9 日），可以进一步了解他的研究。

第7章 知识、信仰和怀疑：关于宗教

- 知识和信仰
- 批判地检视信仰和怀疑：对信仰者和怀疑者的启示

如果我们的目的在于理解宗教经验的复杂性，我们必须首先更加认真地检视自己的假设——无论是基于信仰传统还是基于怀疑传统——以及我们如何把自己的民族中心主义强加在他者之上。

信仰超自然事物并与之有密切关系，用一个词来说，就是**宗教**，这是人类社会普遍存在的一种现象。但是，就像其他一切文化性事物一样，宗教也是极其变化多样的。这里我们以巴西通灵者［Spiritist，不要将其与“唯灵论者”（Spiritualist）相混淆］的宗教传统为例。通灵术（Spiritism或者Kardecism）的历史比较复杂，但是毋庸多说，自从它于19世纪晚期由欧洲传入巴西，便促使基督教信仰和一种相信灵魂具有影响物质世界的效果的信仰相结合［人类学家称这种宗教信仰的融合为综摄主义（syncretism）］。具体来说，通灵术的重点在于相信死者的灵魂居住在与生者相分离的灵魂世界。这些灵魂可能会通过多种化身，不时地回到原来的物质世界，这有助于他们提升自己的道德；反过来，这又要求他们无限期地生活在灵魂世界里。例如，如果灵魂过上了道德败坏的生活，他们可能必须通过无数个化身，来学习不朽所必需的道德教训。生活在物质世界的通灵者，可以通过让灵魂附在他们身上并实施治疗来帮助这些化身。灵魂可以借此帮助有需要的人，从而实现道德提升。一个非常有名的灵魂，就是“神医”阿道夫·弗里茨（Dr. Adolf Fritz），他大约在20世纪中叶从灵魂世界返回物质世界，开始行医治病。据通灵者讲述，神医弗里茨在“一战”期间是位外科医生，他之所以回来追寻道德提升，是因为他最后的尘世生活劣迹斑斑。他最为著名的事迹是，在其他灵魂的帮助下，附体通灵者，并在不用麻醉剂或杀菌剂的情况下，对需要医疗帮助的人实施手术。[1]

188

我们可以将这与许多非常看重圣灵道成肉身的基督教传统进行对比。例如，许多五旬节圣洁会（Pentecostal Holiness）的信徒都相信，被圣灵“充满”是他们作为基督徒的经验和信仰的核心。然而，一些五旬节派的信众在圣灵的道成肉身方面则向前更进了一步：他们解释说，被圣灵“充满”驱使他们说方言（speak in tongues），拿起毒蛇治疗病人，其根据是《马可福音》第16章第17—18节，里面说道：

信的人必有神迹随着他们：就是奉我的名赶鬼，说新方言；手能拿蛇，若喝了什么毒物，也必不受害；手按病人，病人就必好了。[2]

图7-1　一些五旬节圣洁会信徒在他们的仪式中手拿响尾蛇，就像图中这位绅士在肯塔基（Kentucky）东南部一座教堂中所做的这样。照片由基思·蒂德博尔（Keith Tidball）拍摄

因此，极少数五旬节派教会的仪式包含随着圣灵推动而手执长蛇和饮用士的宁（strychnine）[由马钱子中提取的一种生物碱，对脊髓有选择性兴奋作用。——译者注]的行为。[3] 再与马来西亚的灵魂附体做进一步的比较。和许多社会一样，许多马来西亚人相信，恶灵可以寄居并占据人的身体，从而导致伤害。然而，这些灵魂有时能被宗教人士平复或驱散。在现代马来西亚的工厂里，灵魂附体是个很重要的问题，尤其是对那些长时间在压力下工作的妇女而言，她们收入低微，处境恶劣。由于易受灵魂附体的影响，许多工厂女工都被附体过并接近疯狂的边缘。她们继而寻求当地宗教人士的帮

助，请他们来驱散灵魂，但这样做可能有效，也可能无效。[4]

● 此时此地的人类学

宗教人类学是一个宽广和复杂的领域，人类学家对宗教的研究和描述具有多种方式。虽然网络上也可以找到许多资料，但是登录 hirr.hartsem.edu/ency/anthropology.htm（访问时间为 2014 年 1 月 9 日）可以找到关于这一领域研究现况的很好的简要描述，其中还包括一些可供参考的有用资料。

尽管这些信仰在我们初次听来可能会觉得有些荒诞无稽，这三个例子却共有一些元素；事实上，它们反映了所有信仰体系和所有宗教的基本信条。一般来说，各地的人们，不论过去的还是现在的，都会识别出那些界定、表达和参与“超自然”的力量，这些力量超越了“自然”和“日常”。这些力量可能会采取某种非人格化的形式（如昆人，他们曾讲述过一种物质或力量，称为“*n/um*”，可以用来达到想要的结果，例如治疗某种疾病）——这被称为**泛生论**（animatism）；它们也可能会采取一种非常人格化的形式（如通灵者的“神医”弗里茨、持蛇人的圣灵，或者马来西亚人的恶灵）——这被称为**泛灵论**（animism）。而且各地古往今来的人们都讲述过许多关于他们的故事，包括他们的世界怎样形成，他们的神或信仰怎么存在，以及他们应该怎样过自己的生活。以这些故事为背景，一个族群的**神话**（mythology）作为一种

190

特定信仰传统的更大“真理”亦被代代诉说、塑造和再造，这一过程通常是凭借**仪式**（ritual），即旨在体验超自然的模式化群体实践（教堂礼拜、治疗仪式、群体祷告等）来进行的。

说到宗教，人类学家进行了更多复杂的区分，例如宗教的类型、宗教的多种组织方式，以及宗教在实践中具有的广泛意义。重要的是，**宗教的功能**包括但又不局限在以下方面：明确对与错的标准，解决无法解释的问题，减轻不幸带来的心理压力，替代决策，或者促进社区和谐与团结。

作为现代世界中的宗教，通灵术的治病、五旬节派的持蛇、马来西亚的灵魂附体之间，还有其他一些共同点。它们远离主流的制度化宗教，都曾遭到外界的评判。这种评判是一种民族中心主义的假设，认为这样的信仰体系是落后的、无知的、非理性的。

知识和信仰

在自然科学与社会科学领域，我们在知识和信仰，即我们所“知道”的（明确界定为真实及事实的）和我们所“相信”的（在信仰上接受为真实而实在的）之间做出了明晰的区分。我们把知识排在信仰前面，断定知识是基于清晰的推理和经验，比信仰更加可靠，而信仰或许就缺乏“明确的证据”或“证明”。事实上，“我相信X是真的”，确实没有“我知道X是真的”听起来那么有力。[5]

知识和信仰的对立，部分基于**经验主义**（empiricism，一种相信知识来自经验的观点）、**实证主义**（positivism，一种认为知识只有能被“证明”时才有用的观点）和**理性**（reason，一种认为知识有逻辑、真实、可靠的观点）的假设。按照这一逻辑，我们可能会认为信仰（基于相信而非知识）是非经验性的、无法证明的、非理性的。但是，如果对“神医”弗里茨、圣灵或者马来西亚恶灵的信仰在严格意义上都不是基于经验主义、实证主义或理性的，它们一开始又是如何出现在文化里的呢？

191

比如，我们或许会回答说，对灵魂的本体论信仰，是基于幻想、幻觉或对真实的简单误解。[6] 事实上，许多社会科学家、哲学家及外行人士长期以来都遵循这一基本原理。以托马斯·霍布斯（Thomas Hobbes）为例，他在1651年写道：

> 以往崇拜林神、牧神、自然女神等的异端邪教，绝大部分就是由于不知道怎样把梦境同其他强烈的幻觉、视觉和感觉区别开来而产生的。[7]

霍布斯的意思是说，宗教信仰是基于无知和非理性的想法，在文明的“进步”没有出现之前，宗教信仰源自把梦或幻觉中的事物同真实的事物相混淆。这段文字写于启蒙运动到来之前，霍布斯暗指，为了让我们自己摆脱无知，我们必须动摇信仰，拥抱以事实为依据的“真理”——用今天的话来讲就是经验主义、实证主义，还有理性。其逆假设则是：信仰并不是基于以事实为证据的真理，而是仅仅基于假设一些事是真的。[8]

一般来说，经验主义、实证主义及理性都是非常好的观点。

这些概念促使我们思考事实和证据之间的联系、理论与实践之间的联系或是动机与行动之间的联系。例如，我现在就在运用理性：我正在设法解决一个问题，并遵循逻辑思维的传统，这一传统某种程度上是我从霍布斯这样的人、科学革命，以及启蒙运动那里继承而来的。但是，*理性*也促使我们*质疑*事实与证据间的关联、理论与实践间的关联或是动机与行动间的关联。这样一来，我们也就不得不提出这样的问题：霍布斯的观点正确吗？宗教信仰真的是非理性的吗？它真的缺乏证据吗？它真的缺乏基于经验和观察的逻辑严密性吗？“林神、牧神、自然女神等”，真的都是人们想象虚构出来的吗？[9]

继霍布斯、科学革命和启蒙运动之后，社会科学家也一直认为我们应该肯定地回答所有这些问题。例如，社会进化论者认为，因为宗教是分阶段进化的——大致从“原始的”对多种灵魂、存在或神的信仰［称为**多神论**（polytheism）］，发展为更高级的一神信仰［称为**一神论**（monotheism）］——超自然信仰最终都会让位给科学，这种文明最终的也是最高级的表现形式。作为这一观点最著名的支持者之一，弗雷泽认为，早期的原始族群试图用**巫术**（magic）来控制他们的世界，召唤或操纵超自然力量来产生想要的结果。但在弗雷泽看来，巫术代表了一种原始状态，人们无法认识到自身的局限性，误以为可以求助于超自然力量来产生特定的结果。在弗雷泽看来，巫术是前期的宗教（并且与宗教相分离）。而宗教有更加正式的仪式、专门人士和全能的神，宗教的进化是随着人们开始认识到他们个人对自然界的影响与他们的

192

神比起来真的非常有限而来的。弗雷泽写道：

> 无论是欧洲还是其他地方的原始人，都没能认识到他对自然的掌控力有如此明显的局限性，而这在我们看来是显而易见的。在一个假定每个人都或多或少被赋予了那种我们应该称为超自然力量的社会里，不难理解神与人之间的区别是颇为模糊的，或者是几乎显现不出来的。作为一种超自然存在，神完全不同于人，并且也高于人，它所拥有的权力在程度上没有什么可以与之相比，甚至在性质上也是如此：以上关于神的概念一直在历史进程中缓慢地进化着。[10]

简而言之，宗教比巫术更为“真实”，它把超自然放在日常信众无法企及的位置。但是基于同样的原因，弗雷泽认为，科学要比宗教“真实”得多。不像巫术和宗教，科学会真实地“发挥作用”，并基于对**因果关系**（即一种行为导致另一种行为）更为清晰的理解。同样，随着人们对他们的世界有了更清晰的理解，科学最终将取代宗教，正如宗教在更大的进化故事中取代了巫术一样。

大多数当代人类学家和其他社会科学家，都拒绝接受这种“巫术和宗教之间存在明确区分，巫术、宗教和科学代表着假定的文明进化连续统上的几个点”的观点。（事实上，科学在当代世界还没有取代宗教，许多当代人都相信巫术 / 宗教**和**科学，并在其中寻找意义。）然而，重要的是，由于社会进化论的进化图式不足为信，人类学家和其他社会科学家都已不再对真相或宗教的真实

193

性感兴趣，而是转而去研究宗教的功能和意义（记住这一点，这很重要）。在许多方面，这种方法有助于回避关于超自然的不存在及效力的更深层假设。民俗学家和医学人类学家戴维·J. 哈福德（David J. Hufford）写道，这一假设深深地根植于一种欧美的**世界观**（worldview），而且“历来是关于这一主题的大多数学术研究的起点”。哈福德继续写道：

> 研究设计始于这样一个问题：“为什么以及怎么会有一些人相信那些明明是假的事物呢?”当然，这一问题在现代书写中常常是含蓄的，并且注意力常被一种随大溜的陈述转移至对影响的分析上，比如“我们并不关心这些信仰的真实性或它们假定的代理人的本体论地位［无论它们是不是系统真实的］”。尽管如此，接下来的阐释却常常是从“被研究的信仰在客观上是不正确的”这一假设中，获得了它们多数或全部的解释力。[11]

事实上，我们在社会科学领域所了解的大量有关宗教的知识，都是以哈福德所描述的这种方式表达的。例如，关于宗教的导引性讨论（在如本书似的教科书中）常常会以可以预见的方式描述宗教的功能。你应该还记得，宗教可以明确对与错的标准，解决无法解释的问题，减轻不幸带来的心理压力，替代决策，或者促进社区和谐与团结[12]。足够简单吧。无论其传统如何，任何宗教信仰者都会同意，她深信的信仰有助于解释，比如为什么她的儿子会突然死去（“解决无法解释的问题”），帮助她应对儿子的死亡（“减轻不幸带来的心理压力”），或是帮助她把家人聚在一起来度过这段非常难过的时光（“促进社区和谐与团结”）。但是当同一个人声称某个灵魂治愈了她的儿子使其免于死亡时，又会发生什么呢？因为它进入了信仰真理或真实的境界，这就是许多社会科学的宗教研究产生分歧的地方。

以巴西的通灵术传统为例，一些医学和社会科学家自从20世纪六七十年代起就开始研究它。他们介绍了“神医”弗里茨的手术，是由完全没有受过医学训练的化身（被“神医”弗里茨附体的通灵者）所实施的。有趣的是，在一项研究中，几乎70%接受调查的病人都报告说，在接受“神医”弗里茨的手术后，他们的

194

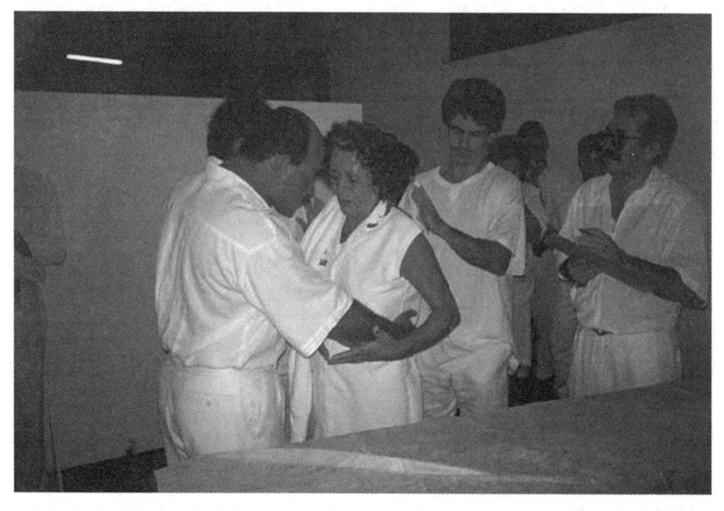

图7-2 “神医”弗里茨和通灵者准备为一位病人进行治疗。照片由达雷尔·林奇（Darrell Lynch）拍摄

病已经得到治愈或是有所好转。虽然通灵者称“神医”弗里茨是直接治愈他们的人，许多研究者却有不同的解释。研究者认为，减轻疾病压力的“心灵的力量”（或安慰剂效应），是理解“神医”弗里茨的手术和治疗如此成功（以及如此流行）的关键。[13] 或者以对持蛇的主流解释为例，研究者已进行了大量的相关学术研究。这些研究者认为，（除其他事情外）持蛇仪式是阿巴拉契亚（Appalachia，美国东部一地区）或持蛇信众所在的其他乡村地区被资本主义所统治的象征。作为贫穷和未受教育的美国人，五旬节派信众将蛇看成一种对那些统治他们的资本主义阶级体系的“文化批评”（尽管事实上，今天有些持蛇者中还包括中产阶级和具有大学教育水平的信众）。[14] 这种学术上的解释，和对马来西亚灵魂附体的解释很相似。尽管妇女们坚持认为自己是被恶灵附体，但学院派的解释强调，这是对剥削性工作条件的一种无意识反抗。[15]

195 在这种情况下，因为社会科学通常避免讨论信仰的真实性，而专注于功能和意义，它常常避免以这些信仰自己的方式来解释或称呼神医弗里茨、圣灵或马来西亚灵魂附体，认为这三者的真实仅限于人们相信他们是真的。[16] 信仰是文化的产物，因为文化是非常真实的，所以对神医弗里茨的信仰也是真实的：“神医弗里茨并没有治愈你的儿子，是你儿子对弗里茨的信仰治愈了他。”

大家在这里不要误解我的意思。我并不是说这些学院派的解释没有价值，它们的确有其自身的价值。比如，将马来西亚灵魂附体视作一种抵抗形式，就有很强的解释力。但是，所有这些解释都是基于一个关键的假设，这一假设来源于哈福德所称的怀疑传统。这一传统牢固地扎根于社会科学传统上所采取的宗教研究方式中。哈福德认为，阐释宗教功能的视角，有它们的“有用之处，但是也有……［它们的］局限性。这些局限性主要来自这样一个事实，即从根本上来说，一定存在民族中心主义”。哈福德继续说道：

> ［这一怀疑传统］吸收大量的知识，并将其当成简单的“事物就是如此”，而不是文化的产物。它一遍又一遍地强调：“我知道的我了解（know），你知道的你只是相信，并在某种程度上与我的知识相冲突。”[17]

当然，哈福德这么说的意思是，我们大多数人，无论是不是宗教学者，在我们检视、评价或研究的过程中，都怀有关于信仰及其和知识相分离的假设。这种假设不是基于经验主义、实证主义或者理性。它本身就是基于信仰和传统，从严格意义上来说，就是指（再一次用哈福德的话来说）我们的“怀疑传统”。也就是说，我们断定，那些圣灵、神医弗里茨或马来西亚灵魂附体不可能是真实的，因而我们认定，信仰和它的产物（例如弗里茨的治疗效果）一定得通过其他原因得到解释，例如“心灵的力量”“暗示的力量”或是“信仰影响体验的力量”。

因为我们或许在研究灵魂治疗、持蛇仪式或灵魂附体时，采用的是自身怀疑传统的视角，所以我们会寻找其他方式来解释为什么这些人会“相信那些明明是假的事物”[18]。这里面一定还有

196

别的什么原因，因为我们相信这些东西不可能是真的。我们得出这样的结论，当然是因为我们深深地“知道”，神医弗里茨、圣灵或灵魂附体最终都是非经验的、无法证明的和非理性的。但事情真的是这样吗？

马林诺夫斯基（及其之后的大批民族志学者）阐述了对力量、灵魂或神明，如神医弗里茨、圣灵或者马来西亚灵魂附体等的信仰，是如何普遍经历和普遍合逻辑的。这证明了超自然信仰不仅仅是基于信奉，而且用它们自己的方式来说，也基于经验、证据和理性。例如，民族志学者达雷尔·林奇曾说，通灵者对神医弗里茨的手术极其重要：

> 许多通灵者都公开质疑，神医弗里茨这种媒介是否真实可信，又或者真的在装模作样……来自灵魂的信息很少被信以为真。一般来说，每个人都会在自己的信仰体系内衡量其真实性与逻辑性。许多信息都被当作虚假或不可信的而遭到否定。在通灵者中，信仰常常是一个批判性的过程。我敢说，可能比我们许多主流的信仰更甚，无论是在宗教层面还是学术层面。[19]

林奇的描述，令我想起自己基奥瓦社区田野工作中的一个例子。我曾和一位上了年纪的基奥瓦男人谈论过有关灵魂的问题，这个人经常被人们叫去驱赶家里不受欢迎的灵魂。他告诉我他曾处理过的几个案例，我对其中两个案例特别感兴趣。在第一个故事里，他被叫到一户人家，那一家人请他检查一个屋子，屋子里可以听到零零星星奇怪的声音。他像往常一样，计划住在这家来查明问题的性质。如果需要的话，他会住上几天。第一个晚上，他听到了某种声音，但不相信那是鬼魂。他年轻时做过木匠，因此他很清楚那可能是什么。第二天早晨，他在屋子里四处查看，最后找到了一个松开的 PVC 管。问题就这样解决了。在第二个故事里，他讲述了自己如何被叫到另一户人家，那户人家刚刚死了一个小男孩。男孩的家人说，他的鬼魂一直都在家里，他们好几次都看到他穿过大厅。年老的基奥瓦男人在这户人家一连待了几天，直到有天晚上，他看到男孩的鬼魂沿着走廊走进浴室。他跟在那个男孩身后，看到男孩站在两块毛巾前面，上面绣有他姓名的首字母。“你不能拿走它们，”基奥瓦老者说道，“你需要把它们留在这儿，留给你的父母。”男孩的鬼魂消失了，在他的家人毁掉了毛巾之后，男孩的鬼魂便再没出现过。事情就这样解决了。

197

这里的重点是什么呢？“很少有信仰者，”哈福德说道，“会绝对地把物质上的解释排除在外，因为他们的世界观中包括这两种可能性。”[20] 有趣的是，怀疑者（产生自一种“怀疑的传统”）却并没有这么快地就把两种可能性都包含在内，因为他们假设在知识和信仰之间存在明确的等级划分。

批判地检视信仰和怀疑：对信仰者和怀疑者的启示

指出所有人都有“信仰的逻辑体系”——只是阐释“宗教的

功能”，或者否认“两种可能性”——最终证明，实际上可能回避了超自然体验及宗教信仰的深层次问题。因此，这里我要讲一下本章的重点。有两件事一直以来都妨碍了我们（科学家、学者和那些非专业人士）对世界上所发现的多种宗教的深入理解：首先，我们的怀疑传统；其次，我们自己根深蒂固的宗教（或其他信仰）传统。的确，神医弗里茨、圣灵或者马来西亚灵魂附体或许真实存在的这种想法，不仅挑战了我们的怀疑传统，可能也从根本上动摇了我们自己根深蒂固的宗教信仰，无论是什么信仰。因此，通常阻碍研究者深入理解他者宗教信仰的是怀疑传统，而可能妨碍一个非常教条的基督徒和一个同样非常教条的穆斯林理解对方宗教信仰的，则是这种信仰传统，它排斥其他信仰、其他神或是其他的超自然体验（这在今天尤其如此，因为各个宗教的原教旨主义已经愈加产生一种对立的、有时甚至是极端的世界观，关乎如何理解现代世界广泛存在的多元信仰与实践）。由于这两个因素阻碍我们深入理解宗教和信仰，我们真的对除了宗教在社会中发挥作用之外的超自然遭遇和经验知之甚少。[21] 我们都太过执着于各自的信仰与怀疑了。

最后，我们都可以选择更加清醒地认识自己的预设，以及这些预设如何最终使我们无法理解他人及其信仰。这是否意味着，我们可以相信我们所想要的任何东西而不会产生任何后果呢？或者所有信仰（科学的、宗教的或其他的）基本上都是平等存在的？事情并不完全如此。在我们所处的现代社会，有些信仰可能没有什么作用，有些甚至会产生不良后果。这取决于 198

你的生活背景和终极目标。例如，如果你试图研制一种流感病毒疫苗（这很大程度上取决于对进化过程如何进行的深入和动态的理解），拒绝承认进化变异的真实性不会让你走得很远。如果我们的目标是理解当今世界存在的宗教信仰在经验上的深刻复杂性，我们必须准备好更深入地反思自己的民族中心主义，认识到什么是科学、什么是宗教、什么是知识、什么是信仰，以及什么是怀疑。比如说，我们能毫不怀疑地证明地球是圆的、地球围绕太阳旋转、变迁是生物不变的规律，无论其他人是否相信（大多数人直到相对晚近时候才相信这些）。但是，我们无法总是以同样的方式证明，另一个人信奉并经历的信仰，比如神医弗里茨，不是真的。考虑到这一点，如果我们有意识地决定暂时抛开对神医弗里茨的怀疑，接受通灵者如何看他们的世界，并且假设神医弗里茨是真的，哪怕只有那么一会儿，那么会怎样呢？我并不是建议我们全心全意地接受通灵者对神医弗里茨的信仰，而是仅仅考虑到“他可能只在经验层面上是真实的”这种可能性。如果对神医弗里茨的信仰不是来自先天的信仰，而是通过遭遇和体验而产生的呢？如果我们这么思考，就会发现那些通灵者其实和我们非常相似。我们会发现，他们对宇宙、他人和自己都怀有深刻的信仰。我们会发现，神医弗里茨对通灵者的生活有着深刻的影响，他大多数时候都会致力于治愈他们。我们会发现，许多通灵者毫不质疑地认为神医弗里茨是真实存在的。我们会发现，许多通灵者一开始也会怀疑，但是在接受过治疗后开始信仰神医弗里茨。我们也会发现，通灵者的信仰是基于经历和体验，而不仅仅是信仰。在这里，当我们从民族志的“本地人观点”来理解另一个信仰系统时，我们就会看到，存在于“知识”和“信仰”之间的等级分化开始消散而去。[22]

199 人类学家皮考克讲过这样一个故事：他问一个印度尼西亚的报道人是否相信灵魂。这个报道人看上去有些疑惑不解。“你是在问我是不是相信灵魂在和我交谈时告诉我的那些话吗?”这个人回问道。“对他来说，”皮考克说道，“灵魂不是一种信仰，而是一种毋庸置疑的关系，是他们整个生活的一部分。”[23]

当知识和信仰之间的等级分化消散而去时，我们就能发现人类宗教体验的真正结构是从哪里开始和结束的。因为事实证明，无论在什么地方，人们在遇到超自然的事物时，都会将其带入自己的生活并将其锻造成自己的。遇到和体验超自然力量，对人类来说，就像出生和死亡一样重要。当然出生和死亡对人类的重要性是因为它们是我们共有的真实而有形的经验。在这里我敢说，当我们从真正的民族志视角（一个真正的“本地人视角”）来研究信仰时，我们可能也会认为，信仰是由真实的、有形的超自然遭遇所塑造的，而这一切遭遇似乎都是世界各地的人们所共有的。[24]

200 我是怀着极为不安而谨慎的心情提出这一建议的，因为我并不确定我真的相信它，但是通过跨文化比较和我自身的民族志研究，我相信或者说是知道，信仰（和经验）本身的力量是巨大的。[25]并且，因为宗教信仰产生了或许是最根深蒂固的民族中心主义，

199

图 7-3 如果我们的目的在于理解宗教经验的复杂性，我们必须首先更加认真地检视自己的假设——无论是基于信仰传统还是基于怀疑传统——以及我们如何把自己的民族中心主义强加在他者之上。照片由丹尼·加沃夫斯基拍摄

200 很少有人能真正超越它。但是即使我们不愿意走那么远，我们也可以学到一些基本的经验教训：无论我们是自然科学、艺术还是宗教学的学者，在哪怕仅仅宣称理解他者那些看似稀奇古怪的信仰之前，我们必须先审慎地评估自己，是否已多次自以为是地怀疑他者的信仰，而没有考虑自身的盲目如何阻碍了我们深入理解他者。如马林诺夫斯基于1922年所说，“宽容和慷慨，建立在理解他人的观点之上”[26]。

● 此时此地的人类学

试图理解另一种信仰体系可能是困难的，尤其因为它远远不只是学习信仰和实践，而且还会花费大量的时间。人类学家保罗·斯托勒［Paul Stoller，西彻斯特大学（West Chester University）］在三十多年前开始研究西非桑海人（Songhay）的宗教。作为男巫学徒，斯托勒学会了欣赏像巫术和灵魂附体等事物的更深层次的复杂性，以及这些过程在桑海人的生活中发挥的作用。但当他2001年被诊断出癌症时，他开始从一个新的角度看他所学到的一切。他在《病人村庄里的陌生人：癌症、巫术和治疗的回忆录》（*Stranger in the Village of the Sick: A Memoir of Cancer, Sorcery, and Healing*，2004）一书中，讲述了桑海人的教导如何改变了自己对患癌的恐惧，同时加深了他对桑海人信仰与实践的理解。您可以登录出版社的网站，阅读对该书的介绍：www.beacon.org/client/pdfs/7260_ch1.pdf（访问时间为2014年1月9日）。

[205]

结　语

我要歌唱使心灵净化的一切，歌唱使它明亮和向往的一切。

偶尔，基奥瓦歌手会唱起下面这首歌：

> 我会一直歌唱到死。
> 宗教则会一直流传下去。
> 但是，它们也会有消失的那一天。

对许多人来说，这首歌显得格外意味深长。它隐含的意思是，我们在这个世界上的停留很短暂，但是歌曲会流传久远。歌声徘徊，等待着那些细细倾听的知音的"理解"。在基奥瓦人的世界里，这一点意义重大，因为歌曲扮演着一种强有力的关系：基奥瓦语中的"歌曲"一词是"*daw-gyah*"，意思是"握住力量"。没有歌曲，也就没有了力量。从帕瓦仪式到教堂礼拜，从生日庆典到丧礼，歌曲赋予基奥瓦人的回忆、遗产和文化以生命。这样一来，歌唱行为也就成为基奥瓦社区一项极为重要的服务。歌手们视自己为人民的仆人。事实上，对一些基奥瓦歌手来说，“我会一直歌唱到死”这句歌词也意味着“我会一直服务到死”。

我在 20 岁时开始把这一观点牢记在心。至少，我以为我把它记在心上了。我清楚记得那个夏天，我告诉威廉姆斯（Williams）一家（当时我跟这个基奥瓦和夏延－阿拉帕霍人家庭住在一起），我对歌唱的意喻冥思苦想了许久。我开始认识到它在美洲原住民生活中的核心地位。因此，我决定退学，把自己整个融入“印第安人社区”。在这里，我可以“一直歌唱到死”。

我也清楚地记得威廉姆斯一家的反应，尤其是比利·吉恩（Billy Gene）的反应。作为一名歌手，他非常理解我对歌唱日益加深的热爱。但是他责备我做出退学的决定：你怎么可以放弃学业？有了教育，你才有机会为你自己还有他人，尤其是他人，去做事去服务。你怎么可以错过这么难得的上大学的机会？大多数和你同龄的印第安人孩子，甚至从来就没有得到过这样的机会，而你这会儿却想把这么宝贵的机会扔掉。我不想再听你说这些不负责任的话。不说别的，单是你对自己、你的家庭，还有我，都负有要完成学业的责任。

206

比利·吉恩让我对高等教育的优势、意义，以及通过受教育获取“知识”后产生的责任进行了长久而艰难的思考。这是我第一次真正把受教育看成幸运的机会。我返回学校并完成了大学学业，接着又读了研究生。当我最后拿着人类学博士学位从北卡罗来纳大学（University of North Carolina）毕业时，比利·吉恩和他的妻子雪莉（Shirley）亲自开车从俄克拉何马州赶来参加我的毕业典礼。我的教育对他来说竟是如此重要。

若干年后，比利·吉恩去世了。但是就像歌曲一样，他的话仍然萦绕在我的心中。在我自己求学以及现在教授他人的过程中，我努力实现他提出的挑战，即将知识用于服务他人。许多时候，我都远远没有实现这一目标。但是，他的话已经成为我认识人类学的一个动力。事实上，从那次谈话直到今天，我从未把人类学和比利·吉恩提出的挑战分开过。

比利·吉恩提出的挑战，与人类学将有关文化的知识用于服务人类的号召异曲同工。从博厄斯到马林诺夫斯基，从玛格丽特·米德到米歇尔·罗萨尔多，人类学一直都是一个服务他者的学科。人类学学科呈现的独特知识，在今天朝活动家倾斜。实际上，自从现代人类学的发端起，就开始有了这种积极的偏向。尽管出现了一些越界，但是大多数人类学家仍然坚持以把知识用于服务他者为己任。从人权到妇女权利，从种族主义到人们对环境的破坏……人类学家已经一步步地将文化的智慧转化为相关的实用准则。

人类学认识到存在于知识和行动之间的关联。人类学明白，文化可以提供强大的经验以供借鉴。这些复杂的经验，可以激发我们在社会内部以及不同社会之间采取复杂的行动。人类学逼着我们去思考：文化是多么有影响力，文化如何建构我们生活的形貌，文化如何催生了使得我们无法更加看清他者的民族中心主义。

207

最后，就像歌曲与比利·吉恩说的话那样，只要将人类学的经验用于服务人类的实践中，人类学就能一直持续到永远。我们只须“理解它”并赋予歌曲以生命。

209 # 术语表

affinity　姻亲关系：由婚姻而产生的亲属关系。

agriculture　农业：种植庄稼以获取食物，并随着向集约化大规模发展，时常关联一些其他的辅助性耕种养殖实践，包括土地持续利用、肥料的使用、灌溉和 / 或牲畜养殖。

alternate genders　替代性别：与性别差异相关的、不能简单地归属于任何特定社会中对“男性”和“女性”的惯常文化界定的多种意义和实践，例如同性恋、变性者或第三 / 第四性别的表现。

ancient states　古代国家：明确指出现于五千至六千年前的国家，并非现代的民族国家。亦可参见术语“states”（国家）。

animatism　泛生论：对模糊且非人格化的权力或力量的信仰。

animism　泛灵论，或万物有灵论：对灵魂的信仰。

anthropology　人类学：对人类过去和现在所有生物和文化的复杂性的研究。这一领域传统上划分为四个分支领域：生物人类学、考古学、语言人类学和文化人类学。

applied anthropology　应用人类学：人类学在人类问题上的应用。

archaeology　考古学：人类学中研究物质文化的分支领域。

artifact　人工制品：由人类创造的物品。

band　游群：一种社会、政治和经济组织，普遍存在于采集狩猎者中。这些人生活在小型非定居的流动群体中。这些流动群体以紧密的亲属关系、界定松散的领导角色、依赖互惠为特点。 210

bilateral kinship　双边亲属关系：以类似方式通过父系和母系双方计算亲属的一种亲属关系，其中由婚姻产生的孩子和父母双方的家庭都有亲属关系。

biological anthropology　生物人类学，或体质人类学：人类学中关注人类的生物性经验的分支领域。

biological sex　生物性别：男性和女性的生理差异，尤其是与生物繁殖相关的生理差异。

bride service　新娘服务：男人婚后为其妻子的家庭提供服务（例如狩猎）。

bridewealth　聘礼：丈夫亲属在两人结婚时送礼物给妻子亲属的习俗。

capitalism　资本主义：源于十七八世纪欧洲的一种经济体系，其特点是以获得利润为目的而进行商品和服务的生产和分配，实行财产私有制。

catastrophism　灾变说：认为变迁来自灾难性事件的推动。在均变说出现之前，这种学说认为，地球只因犹太教与基督教的上帝所行的大灾难而改变，例如《圣经》中讲到的大洪水。

clans　氏族：一些世系群联合而成的一种集体组织。

class　阶级：以获得资源的不同方式而进行人群的分类。

cognatic descent　并系继嗣： 依照父系和母系双方的、多少有些非正式的继嗣关系计算方式。

collaborative ethnography　合作民族志： 系统地让报道人参与田野工作和民族志书写过程的一种民族志。

communication　交流： 简单地说，通过声音、手势和/或其他的指示而进行的信息发送和接收；用人类学的语言来讲，指的是用任意性的符号（包括那些非语言的符号，如书面符号）来传递意义。亦可参见术语“language”（语言）。

comparativism　比较法： 探寻或研究人类群体内部和之间所有生物和文化复杂性上的相似点和区别。亦可参见术语“holism”（整体观）。

consanguinity　血缘： 由生育而产生的亲属关系。

211 **consultant　报道人：** 在民族志中，告知民族志学者并定期与他们商讨对特定群体文化的理解的人。

core　核心国家： 所谓的“第一世界”，世界上最富有强大的民族国家。又见术语“periphery”（边缘国家）和“semiperiphery”（半边缘国家）。

cross-cousin marriage　交表婚： 一个女人或男人同其“姑舅表亲”[即母亲兄弟的儿子/女儿，或父亲姐妹的儿子/女儿]结婚。

cultural anthropology　文化人类学： 人类学的分支领域之一，专门研究文化的诸多不同形式、表达和实践。

cultural critique　文化批评： 运用获自民族志的人类学理解来批评一个社会或文化的实践。可参见玛格丽特·米德的论述。

cultural evolution　文化进化：伴随着人类适应策略的转变而发生的社会、政治和经济变迁，例如从采集狩猎到驯化的转变。

cultural relativity　文化相对论：认为每个社会或文化必须以其自身的情况来理解，不是用局外人的观点来看。参见弗朗茨·博厄斯的论述。

cultural reproduction　文化再生产：能提高生存能力的文化特征的复制。

cultural selection　文化选择：文化对生物尤其是生物繁殖的影响。

culture　文化：一个共享并相互协调的意义系统，通过人们习得的知识而传达，并通过阐释经验和产生行为而付诸实践。与社会相互依赖。

culture shock　文化震惊：两个或两个以上的意义系统相遇时，在身体和心理上表现为焦虑、不恰当的行为或身体疾病。

descent　继嗣：亲属关系的分配通过共同的祖先来追溯。

descent groups　继嗣群：声称有共同祖先的群体，且像世系群一样，可以在时间（过去、现在和未来）和空间（跨社会、政治或地理边界）上扩展，拥有高于并超越任何个体的权力。

domestication　驯化：改变野生动植物，使其适应环境以用作食物，可能采用园艺、放牧或农业的形式。

dowry　嫁妆：在结婚时，妻子的亲属必须将妻子的继承物给丈夫的亲属的实践。

empiricism　经验主义：将经验（有着广泛的界定，如直接观察　212

所得）作为知识来源的看法。

enculturation　濡化：学习文化的过程。

endogamy　内婚制：在特定群体内部婚配。

ethnocentrism　民族中心主义：基于自身经验看待世界的倾向，有时是排外的。

ethnographer　民族志学者：采用民族志作为一种研究文化的方法的人。

ethnography　民族志：对文化的研究和描述，包括：（1）在其社会背景中研究文化的田野方法；（2）书写文化的方法。

ethnology　民族学：比较法在文化研究中的体现，主要比较世界上的多种文化描述，以此概括人类及文化在人类生活中的作用。常同义于文化人类学。

ethnomusicology　民族音乐学：对音乐的跨文化研究。

ethnoscience　民族科学：民族志的一种，专注于记录以语言形式清晰表述的文化知识。

eugenics　优生学：一项发端于19世纪晚期和20世纪早期的流行运动，将社会达尔文主义付诸实践，关注针对人类族群的选择性生育和淘汰。这一运动在“二战”末期达到高潮，不过优生学在今天仍然有支持者。

evolution　进化：随着时间发生的生物变迁过程。又见术语“natural selection”（自然选择）。

evolutionism　进化论：见术语“social evolution”（社会进化论）。

exogamy　外婚制：在特定群体外婚配。

experimental ethnography 实验民族志：克利福德·格尔茨阐释人类学的延伸，强调通过民族志来解释文化复杂性的实验性方法。

feminist anthropology 女性主义人类学：人类学的分支学科，最先研究人类学中的男性偏见，以及有关妇女从属地位的问题，但是后来延伸并涵盖了关于性别及其同文化和权力的关系的更为广泛的研究。

foraging 采集狩猎：一种通过采集植物和狩猎动物来获得食物的人类生存策略。

functions of religion 宗教的功能：通常用于解释宗教的存在的模型，宗教存在的目的包括但又不局限于明确对与错的标准、解决无法解释的问题、减轻不幸带来的心理压力、替代决策、促进社区和谐团结。 213

fundamentalism 原教旨主义：在宗教研究中，信仰和坚持绝对的宗教教义和原则，例如对宗教文本的字面上的解释。

gender 社会性别：赋予生物性别个体的广泛意义。

gender roles 性别角色：被认为适合一个特定性别的态度、认同、实践和意义。又见术语“sexual division of labor”（性别劳动分工）。

genocide 种族灭绝：一个群体的人被另一群体灭绝。

globalization 全球化：世界范围内社会经济相互依赖的过程。

Great Chain of Being 存在巨链：一种流行于十八九世纪的信仰，认为犹太教和基督教所共同信仰的上帝创造了自然界的秩序，地球只有几千年的历史，它最根本的等级制设计自从上帝创世之后就一直存在并改变甚微。

historical particularism　历史特殊论：一种理解文化多样性的方法，假定每个社会或文化是自身历史的产物。参见弗朗茨·博厄斯的论述。

holism　整体观：一种强调整体而不仅仅是部分的视角。亦可参见术语“comparativism”（比较法）。

horticulture　园艺：一种以小规模非工业化种植可食用植物为特点的人类生存策略。

incest taboo　乱伦禁忌：一种控制被认为有亲属关系的人之间的性和／或婚姻的规则。

industrialism　工业主义：制造品的集约型大规模生产，源自工业革命，首次出现在18世纪的欧洲，形式是从手工制作商品转变为工厂批量生产商品。

interpretive anthropology　阐释人类学：最初由克利福德·格尔茨开创，这种形式的象征人类学侧重于将文化作为一种文本、对话和阐释的形式来理解和研究。亦可参见术语“experimental ethnography”（实验民族志）。

kinship　亲属关系，或亲属制度：在姻亲和血亲基础上建立的亲属网络。

214 **kula　库拉：**由散布在一些西太平洋岛屿上的贸易伙伴组成的一种广泛关系网。马林诺夫斯基描写了特罗布里恩群岛的贝壳臂镯和贝壳项圈的贸易，它们各自沿着相反的方向在这一较大的圈中移动。

language　语言：人类一种文字和/或非文字的交流体系，依赖于文化赋予象征符号的意义，其排列方式取决于语法规则。

levirate　夫兄弟婚：一个寡妇与已故丈夫的兄弟或其家族的另一位男性结婚的婚俗。

lineages　世系群：大型的继嗣群体，可以在时间（过去、现在和未来）和空间（跨社会、政治或地理边界）上扩展，拥有高于并超越任何个体的权力。

linguistic anthropology　语言人类学：人类学的分支领域，专门研究语言及其与文化的关系。

linguistics　语言学：参见术语"linguistic anthropology"（语言人类学）。

Linnaean hierarchy　林奈阶层系统：将自然界划分为界、门、纲、目、科、属、种的分类体系。参见卡尔·林奈的论述。

magic　巫术：通过对超自然力量的祈求或操控来得到想要的结果。

market exchange　市场交换：通过使用金钱来实现商品和服务的交换。

marriage　婚姻：在亲属关系研究中，具有广泛多样性的、社会所认可的两个或多个个体的结合，并且很大程度上建立在乱伦禁忌、外婚制和内婚制的基础上，扩展了任何既定的亲属网络。

material culture　物质文化：人类有意识的发明物，或是作为适应所处环境的工具，或是作为对自身经验的意义表达。

matrilineal descent　母系继嗣：一种通过女方计算继嗣的亲属关

系，由婚姻而产生的子女通过母系家庭追溯继嗣关系。

matrilocal residence　从母居：结婚后同妻子的家庭居住在一起的婚姻实践［尽管有时只存在于母系社会，通常作为“uxorilocal residence”（从妻居）的同义词使用］。

monotheism　一神论：信仰单一的神。

mythology　神话：讲述特定信仰传统的更大“真理”的故事。

215 **nation-states　民族国家：**以集权的政治权威为特点的现代国家，它巩固了权力，通过武力和其他手段减少纷争，保持严格的地理和领土疆域，并统治一群人，这些人通过“国家认同”而共享明确的社会、政治和/或经济基础原则。（例如，作为前国家的卡霍基亚不是一个民族国家，它的疆域是流动的；而美国是一个民族国家，它的疆域是清晰并严格界定的。）

natural selection　自然选择：适应物理环境改变的复杂过程，在其最基础的层面上依靠繁殖和变异。可参考达尔文有关生物变迁或进化如何发挥作用的原创理论。

neolocal residence　从新居：夫妻婚后建立分离于双方父母和/或父母之亲属的独立家户的婚姻实践。

parallel-cousin marriage　平表婚：一个女人或男人同其“平表兄弟姐妹”（即母亲姐妹的儿子/女儿，或父亲兄弟的儿子/女儿）结婚。

participant observation　参与观察：在特定社会、社区或群体内部，包括长期参与和系统记录（例如做田野笔记和进行访谈）在内的进行田野工作的一种方法。它常常包含四个阶段：进入田野、文化震惊、建立关系和“理解文化”。

pastoralism 放牧：一种以驯化、控制和繁育一群特定动物为特点的人类生存策略。

patrilineal descent 父系继嗣：一种只通过男性计算继嗣的亲属制度，由婚姻而产生的子女通过父系家庭追溯继嗣。

patrilocal residence 从父居：结婚后同丈夫的家庭居住在一起的婚姻实践［尽管有时只存在于父系社会，通常作为“virilocal residence”（从夫居）的同义词使用］。

periphery 边缘国家：世界上最贫穷的民族国家。又见术语“core”（核心国家）和“semiperiphery”（半边缘国家）。

physical anthropology 体质人类学：参见术语“biological anthropology”（生物人类学）。

political economy 政治经济：政治和经济体系的大规模整合和互相依赖，尤其同工业主义、资本主义和现代民族国家的发展相关联。

polyandry 一妻多夫制：一个女子同时与两个或多个男子结婚。

polygamy 多偶婚：一个人同时与两个或多个配偶结婚，采取一夫多妻制或一妻多夫制的形式。 216

polygyny 一夫多妻制：一个男子同时与两个或多个女子结婚。

polytheism 多神论：对多种灵魂、存在或神的信仰。

population 群体：生物学上指杂交群体。

positivism 实证主义：认为只有能被“证明”的知识才有用。

power 权力：能够表现为直接或间接、含蓄或外显的影响深远的过程。

prestates　前国家：一种社会、政治和经济组织，以日益增强的社会整合（通常以亲属关系为基础）、集中的政治领导和市场交换为特点。也被称为酋邦和王国。参见“states”（国家）。

race　种族：一种强大的社会和文化分类，在人类生物性上没有实际的对应，基于可观察到的体质特征及其同行为差异的假定的联系来区分人类群体。

reason　理性：认为知识是或者应该是有逻辑的、真实的和可靠的。

reciprocity　互惠：两个或多个群体之间不用货币而进行的商品和服务的交换。

redistribution　再分配：资源流向一个集约化的场所和/或政治权威，又转而再分配来支持政治权威的财富、权力、声望和/或后勤（logistics）。

relativity　相对论：见“cultural relativity”（文化相对论）。

religion　宗教：信仰和接触超自然力量。

ritual　仪式：在宗教研究中，为了体验超自然而进行的有规律的群体实践。

semiperiphery　半边缘国家：调节世界上核心国家和边缘国家间的经济资源流动的民族国家。

sexual division of labor　性别劳动分工：基于性别所做的劳动分工和特定任务分配。又见“gender roles”（性别角色）。

social Darwinism　社会达尔文主义：一种流行于19世纪晚期和

20 世纪早期的社会进化理论，从查尔斯·达尔文的自然选择理论推衍而来。这种理论认为，首先，“低等”群体的人因为他们的生物性差异而保持低等，简而言之，因为他们的种族；其次，“优势的种族”会不可避免地通过“适者生存”的过程取代劣势的种族。可参考赫伯特·斯宾塞所述。亦可参见“eugenics”（优生学）。

217

social evolution　社会进化论：一种盛行于 19 世纪人类学的文化变迁理论，认为所有人类社会都会经历从原始人、野蛮人到最终文明人的进步发展顺序。也被称为“evolutionism”（进化论）或“unilineal evolution”（单线进化论）。

society　社会：一群相互作用的个体，在人类中与文化相互依赖。

sociocultural anthropology　社会文化人类学：见“cultural anthropology”（文化人类学）。

sororate　妻姐妹婚：一个鳏夫与已故妻子的姐妹或来自其家庭的其他女子结婚的婚俗。

states　国家：一种社会、政治和经济组织类型，其特征包括大规模的社会整合（不一定以亲属关系为基础），集权制、等级制和设立行政机构的政治体系，以及市场交换。

symbolic anthropology　象征人类学，或符号人类学：对象征形态以及它们在人类群体内部和之间协调作用的民族志研究。

syncretism　综摄主义：不同文化特征的混合，表现在许多宗教信仰和实践中。

taxonomy　分类学：生物学中对自然界的分类。参见“Linnaean

hierarchy”（林奈阶层系统）。

tribe　部落：一种社会、政治和经济组织类型，不同的定居或游牧群体通过继嗣群体或共同的组织（如勇士或宗教团体）实现联合。

uniformitarianism　均变说，或渐变说：一种地质学理论，认为地球的物理特征来自稳定均匀的变化过程。可参考查尔斯·赖尔及其《地质学原理》中的理论普及。

unilineal descent　单边继嗣：一种亲属制度，按照父系或母系来计算亲属，由婚姻而产生的子女通过父系家庭或母系家庭追溯继嗣。又见“matrilineal descent”（母系继嗣）和“patrilineal descent”（父系继嗣）。

unilineal evolution　单线进化论：见“social evolution”（社会进化论）。

uxorilocal residence　从妻居：结婚后同妻子的家庭居住在一起的婚俗［通常作为“matrilocal residence”（从母居）的同义词使用］。

218

virilocal residence　从夫居：结婚后同丈夫的家庭居住在一起的婚俗［通常作为“patrilocal residence”（从父居）的同义词使用］。

woman marriage　妇女婚姻：在许多历史上和一些当代的非洲社会中存在的实践。妇女和其他妇女组成无性婚姻，这一女子在社会上被认为是男性（即作为“女性丈夫”），并因此可以把财产从“父亲”传给儿子。

world system　世界体系：全世界的人们被整合进一个基于资本主义的单一经济系统中。可参考伊曼纽尔·沃勒斯坦（Immanuel

Wallerstein）所述，他认为世界的政治经济可以划分为核心国家、边缘国家和半边缘国家三类。

worldview　世界观：一种看待世界的方式，现实借此被建构成为针对特定社会或文化的现实。

各章注释

第1章

[1] 见 Edward M. Bruner, "Experience and Its Expressions," in *The Anthropology of Experience*, ed. Victor W. Turner and Edward M. Bruner (Chicago: University of Illinois Press, 1986), 3-30。

[2] 例如，可以分别参阅 Ronald T. Merrill, "Geophysics: A Magnetic Reversal Record," *Nature* 389 (1997): 678-89; Trimble Navigation Limited, "Measuring Mount Everest," *Trimble News* (1996-2000); Outer Banks Lighthouse Society, "Saving Cape Hatteras Lighthouse from the Sea: Options and Policy Implications," *Lighthouse Society News* (1988); Jonathan Weiner, *The Beak of the Finch* (New York: Vintage Books, 1995), 265; World Health Organization, "Influenza," *FS* 211 (1999); Harold Neu, "The Crisis in Antibiotic Resistance, " *Science* 257 (1992): 1064-73; Christopher Wills, *Children of Prometheus: The Accelerating Pace of Human Evolution* (New York: Perseus Books, 1998); Stephen Shennan, "Population, Culture History, and the Dynamics of Culture Change," *Current Anthropology* 41, no. 5 (2000): 811-35。

[3] 为了更深入地涵盖接下来的讨论，可参见 Peter J. Bowler, *Evolution: The History of an Idea*, 3rd ed. (Berkeley: University of California Press, 2003)。

[4] Charles Darwin, *The Origin of Species* (New York: Avenel Books, 1979 [1859]), 68.

[5] 更深入细致的讨论，可参见 H. B. D. Kettlewell, “Selection Experiments on Industrial Melanism in the Lepidoptera,” *Heredity* 9 (1955): 323-49, “A Survey of the Frequencies of *Bison betularia* (L.) (Lep.) and Its Melanic Forms in Great Britain,” *Heredity* 12 (1958): 51-72, and *The Evolution of Melanism* (Oxford: Clarendon Press, 1973)。

[6] 例如可参阅 J. A. Bishop and Laurence M. Cook, “Moths, Melanism and Clean Air,” *Scientific American* 232 (January 1975): 90-99。

[7] Darwin, *Origin of Species*, 132.

[8] 参见 Weiner, *Beak of the Finch* 对这一证据的详细描述。

[9] 例如可参阅 Peter R. Grant, *Ecology and Evolution of Darwin's Finches* (Princeton, NJ: Princeton University Press, 1986)。

[10] 例如可参阅 Abe Gruber, “Evolution: More than Just a ‘Theory,’ ” *Anthropology Newsletter* 38 (September 1997): 7。

[11] 例如可参阅 Randolph M. Nesse and George C. Williams, “Evolution and the Origins of Disease,” *Scientific American* 279, no. 5 (1998): 86-93。

[12] 事实上，即使是达尔文，也通过进步的视角重塑了他的许多原创思想，例如参见《人类的由来》(*The Descent of Man* ）和晚期

版本的《物种起源》。

[13] 下面的讨论主要依据 Lee D. Baker, *From Savage to Negro: Anthropology and the Construction of Race, 1896-1954* (Berkeley: University of California Press, 1998); Jonathan Marks, *Human Biodiversity: Genes, Race, and History* (New York: Aldine de Gruyter, 1995); Audrey Smedley, *Race in North America: Origin and Evolution of a Worldview* (Boulder, CO: Westview Press, 1993); and Alden T. Vaughan, *Roots of American Racism: Essays on the Colonial Encounter* (Oxford: Oxford University Press, 1995)。

[14] 然而，斯宾塞说服达尔文将“适者生存”作为“自然选择”的同义词使用，达尔文在《物种起源》的后期版本中做了修改（乔纳森·马克斯，个人交流）。

[15] 参见 Baker, *From Savage to Negro*, 26-53。

[16] Ibid.

[17] Smedley, *Race in North America*, 36ff.; Vaughan, *Roots of American Racism*.

[18] Baker, *From Savage to Negro*, 26-53, 248.

[19] 摘自 ibid., 131。

[20] Ibid., 54-80, 127-42.

[21] Marks, *Human Biodiversity*, 77-97.

[22] 参见 Samuel R. Cook, *Monacans and Miners: Native American and Coal Mining Communities in Appalachia* (Lincoln: University of Nebraska Press, 2000), 84-134。又参见 J. David Smith, *The Eugenic*

Assault on America: Scenes in Red, White, and Black (Fairfax, VA: George Mason University Press, 1993)。

[23] 摘自 Marks, *Human Biodiversity*, 85。

[24] 摘自 ibid., 88。

[25] Ibid., 88-89.

[26] Ibid., 89-95.

[27] 接下来的讨论综合参考如下研究：首先，博厄斯的著作，特别是 Franz Boas, "The Limitations of the Comparative Method in Anthropology," *Science* 4 (1896): 901-8; *The Central Eskimo* (Lincoln: University of Nebraska Press, 1964 [1898]); *Anthropology and Modern Life* (New York: Norton, 1928); and *Race, Language, and Culture* (New York: Free Press, 1940)。其次，关于博厄斯在整个人类学学科出现中的作用的综合性描述，可参见 Douglas Cole, *Franz Boas: The Early Years, 1858-1906* (Seattle: University of Washington Press, 1999); Melville Jean Herskovits, *Franz Boas: The Science of Man in the Making* (New York: Scribner, 1953); George W. Stocking, *Race, Culture, and Evolution: Essays in the History of Anthropology* (New York: Free Press, 1968); and *The Ethnographer's Magic and Other Essays in the History of Anthropology* (Madison: University of Wisconsin Press, 1992)。

[28] Boas, *Anthropology and Modern Life*, 20.

[29] 下面关于种族的讨论主要参考 Boas, *Anthropology and Modern Life;* Marks, *Human Biodiversity*; and Ashley Montagu, *Man's Most Dangerous Myth: The Fallacy of Race*, 6th ed. (Walnut Creek, CA:

AltaMira Press, 1998)。

[30] Boas, *Anthropology and Modern Life*, 63.

[31] Ibid., 30.

[32] 世界各地血型频率分布的比较调查，请参考 A. E. Mourant, Ada C. Kopec, and Kazimiera Domaniewska-Sobczak, *The Distribution of the Human Blood Groups and Other Polymorphisms*, 2nd ed. (London: Oxford University Press, 1976) 。

[33] Marks, *Human Biodiversity*, 130.

[34] 我这里对镰状细胞性贫血的讨论有点过于简单化，尤其是关于引入现代医学后这些人群（和他们的移民社群）的变化。Randolph M. Nesse and George C. Williams, *Why We Get Sick: The New Science of Darwinian Medicine* (New York: Times Books, 1994) ，该书易于阅读，且有广泛的依据，讨论了镰状细胞性贫血和其他疾病如何在进化和生物医学的框架内理解。

[35] 例如可参阅 Montagu, *Man's Most Dangerous Myth*. Cf. Smedley, *Race in North America*。

[36] 摘自 Marks, *Human Biodiversity*, 50。

[37] Boas, *Anthropology and Modern Life*, 18.

[38] Audrey Smedley, "The Origin of Race," *Anthropology Newsletter* 38 (September 1997): 50, 52.

[39] Ibid.

[40] 参见 Baker, *From Savage to Negro*, 119。

[41] 例如参见 ibid., 150-63。

[42] 参见 Carolyn Fluehr-Lobban, "Anténor Firmin: Haitian Pioneer of Anthropology," *American Anthropologist* 102, no. 3 (2000): 449-66; Elisabeth Tooker, "Lewis H. Morgan and His Contemporaries," *American Anthropologist* 94, no. 2 (1992): 357-75; L. G. Moses, *The Indian Man: A Biography of James Mooney* (Urbana: University of Illinois Press, 1984), esp. 222ff.; and Baker, *From Savage to Negro*。

[43] Baker, *From Savage to Negro*, 100.

[44] 参见 Cornel West, *Race Matters* (Boston: Beacon Press, 1993)。

第 2 章

[1] 这一文化定义（以及我在"定义文化"一节中对文化的讨论）基于以下参考资料：我对文化作为一个协调的意义系统的关注，来自 Gregory Bateson, *Steps to an Ecology of Mind* (San Francisco: Chandler, 1972); James Clifford, *The Predicament of Culture* (Cambridge, MA: Harvard University Press, 1988); Clifford Geertz, *The Interpretation of Cultures* (New York: Basic Books, 1973), and *Local Knowledge: Further Essays in Interpretive Anthropology* (New York: Basic Books, 1983); and Renato Rosaldo, *Culture and Truth: The Remaking of Social Analysis* (Boston: Beacon Press, 1993)。我对文化知识的关注来自 James P. Spradley, ed., in *Culture and Cognition: Rules, Maps, and Plans* (San Francisco: Chandler, 1972), 6-18; 特别是 *The Ethnographic Interview* (New York: Holt, Rinehart and Winston, 1979), 斯普拉德利在其中提到，"文化……是人们用来解释经验和产生社会行为的后天

习得的知识”(5)。这一视角有先例，古迪纳夫的研究，例如，Ward Goodenough, “Cultural Anthropology and Linguistics,” in *Report of the Seventh Annual Round Table Meeting on Linguistics and Language Study*, ed. P. L. Garvin (Washington, DC: Georgetown University Monograph Series on Language and Linguistics, no. 9, 1957), and *Culture, Language, and Society* (Menlo Park, CA: Benjamin/Cummings, 1981)。我背离了文化的规则，以及对文化经验和实践的详尽阐述（特别是在随后的讨论中），主要参考了 Pierre Bourdieu, *Outline of a Theory of Practice*, trans. R. Nice (Cambridge: Cambridge University Press, 1977), 这是我在介绍性讨论的背景下提出的。又可参见 Michael Jackson, ed., *Things As They Are: New Directions in Phenomenological Anthropology* (Bloomington: Indiana University Press, 1996), and Victor W. Turner and Edward M. Bruner, *The Anthropology of Experience* (Chicago: University of Illinois Press, 1986)。

[2] 对这些议题的深入探讨，可参考 James L. Peacock, *The Anthropological Lens: Harsh Light, Soft Focus* (Cambridge: Cambridge University Press, 1986), esp.1-47。

[3] Edward B. Tylor, *Primitive Culture*, vol. 1 (New York: Harper & Row, 1958 [1871]).

[4] “You Say Hello, I Say Ahoy,” *All Things Considered*, National Public Radio, March 19, 1999.

[5] 参见 Edward M. Bruner, “Experience and Its Expressions,” in Turner and Bruner, *The Anthropology of Experience*, 3-30。

[6] Ibid.

[7] James P. Spradley and David W. McCurdy, eds., *Culture and Conflict: Readings in Cultural Anthropology*, 8th ed. (New York: HarperCollins, 1994), 4-5.

[8] 保罗·沃尔特（Paul Wohlt），个人交流，2000。

[9] 大量的研究探讨了媒体如何影响广告业的行为。关于电影电视产业与文化关系的清晰而富有启发性的讨论，可以参考 Sissela Bok, *Mayhem: Violence as Public Entertainment* (Reading, MA: Addison-Wesley, 1998); Conrad Philip Kottak, *Prime-Time Society: An Anthropological Analysis of Television and Culture* (Belmont, CA: Wadsworth, 1990); and Scott Robert Olson, *Hollywood Planet: Global Media and the Competitive Advantage of Narrative Transparency* (Mahwah, NJ: Lawrence Erlbaum Associates, 1999)。在更大的商业和经济框架中讨论电视和电影业的影响，可以参考 Thomas Frank, *The Conquest of Cool: Business Culture, Counterculture, and the Rise of Hip Consumerism* (Chicago: University of Chicago Press, 1997)。

[10] 当然，我指的是对文化和权力的复杂而深远的研究。人类学家从许多不同的理论家那里获得灵感，其中包括马克斯·韦伯（例如，参见 Max Weber, *The Theory of Social and Economic Organization* [New York: Oxford University Press, 1947 (1925)]）、涂尔干（参见 Emile Durkheim, *The Rules of the Sociological Method* [New York: Free Press, 1938 (1895)]）、卡尔·马克思（参见 Karl Marx, *Capital: A Critique of Political Economy* [London: Sonnenschein, 1887 (1867-

1894)]）、安东尼奥·葛兰西（参见 Antonio Gramsci, *Selections from the Prison Notebooks of Antonio Gramsci* [London: Lawrence and Wishart, 1971]）、米歇尔·福柯（参见 Michel Foucault, *Power/Knowledge: Selected Interviews and Other Writings* [New York: Pantheon Books, 1980]）、皮埃尔·布迪厄（参见 Pierre Bourdieu, *Language and Symbolic Power* [Cambridge, MA: Harvard University Press, 1991]），以及许多其他学者。

人类学家从而以多种不同的角度对权力进行了详细的描述，包括权力作为一个人或群体对另一个人或群体的身体控制（韦伯），社会制度所刻画的权力（涂尔干），权力起源于生产方式（马克思），在霸权崛起中出现的权力（葛兰西），权力作为现实的社会建构中的一个话语过程（福柯），或权力作为一个深刻的象征实践（布迪厄）。

[11] Peacock, *The Anthropological Lens*, 17.

[12] Ibid., 19-20.

[13] Ibid., 20.

[14] Ibid., 23.

[15] 更深入的研究参见 Peacock, *The Anthropological Lens*, 11ff。

[16] 参见 Philippe Bourgois, *In Search of Respect: Selling Crack in El Barrio* (Cambridge: Cambridge University Press, 1995)。

[17] Gabriela A. Montell, "Do Good Looks Equal Good Evaluations?" *Chronicle of Higher Education*, October 15, 2003.

[18] Eugene Blackbear, Jr., "Ceremonial Aspects of the Sun Dance and

Sweat Lodge Rituals as They Relate to Contemporary Wellness," 论文发表在 "Affects on Wellness: A Holistic Approach," Indian Health Service, Anadarko, Oklahoma, October 27, 1993。

[19] Bourgois, *In Search of Respect*, 143.

[20] Ibid.

[21] 参见 United Nations Population Fund, *The State of World Population 2000* (New York: United Nations Population Fund), esp. Chapter 3, "Violence Against Women and Girls: A Human Rights and Health Priority"。

[22] Michael N. Dobkowski and Isidor Wallimann, *Genocide in Our Time: An Annotated Bibliography with Analytical Introductions* (Ann Arbor, MI: Pierian Press, 1992); Israel W. Charny, ed., *Encyclopedia of Genocide*, 2 vols. (Santa Barbara, CA: ABC-CLIO, 1999); Isidor Wallimann and Michael N. Dobkowski, eds., *Genocide and the Modern Age: Etiology and Case Studies of Mass Death* (Syracuse: Syracuse University Press, 2000).

[23] United Nations, "Universal Declaration of Human Rights," General Assembly Resolution 217 A (III), December 10, 1948.

[24] Carolyn Fluehr-Lobban, "Cultural Relativism and Universal Rights," *Chronicle of Higher Education*, B1-B2, June 9, 1995.

第3章

[1] 关于这些过程的更复杂的讨论，参见 George W. Stocking, *The Ethnographer's Magic and Other Essays in the History of Anthropology*

(Madison: University of Wisconsin Press, 1992)。

[2] Bronislaw Malinowski, *Argonauts of the Western Pacific* (New York: Dutton, 1922), 25.

[3] Ibid., 24.

[4] 参见 James L. Peacock, *The Anthropological Lens: Harsh Light, Soft Focus* (Cambridge: Cambridge University Press, 1986), 106。

[5] Malinowski, *Argonauts*, 15.

[6] Ibid., 515.

[7] Ibid., 518.

[8] Philippe Bourgois, *In Search of Respect: Selling Crack in El Barrio* (Cambridge: Cambridge University Press, 1995), 12.

[9] Melinda Bollar Wagner, *God's Schools: Choice and Compromise in American Society* (New Brunswick, NJ: Rutgers University Press, 1990), 218.

[10] Ibid., 218-19.

[11] 詹姆斯·托德，与作者的个人交流，2005 年 7 月 25 日。

[12] American Anthropological Association, *Revised Principles of Professional Responsibility* (Washington, DC: Author, 1990).

[13] Wagner, *God's Schools*, 220.

[14] Bourgois, *In Search of Respect*, 21.

[15] Ibid., 22.

[16] Wagner, *God's Schools*, 220-21.

[17] Melinda Bollar Wagner, *Metaphysics in Midwestern America*

(Columbus: Ohio State University Press, 1983), 191-92.

[18] James P. Spradley and David W. McCurdy, *Conformity and Conflict: Readings in Cultural Anthropology*, 8th ed. (New York: Harper Collins, 1994), 16.

[19] Wagner, *God's Schools*, 221.

[20] Ibid., 221-28.

[21] Dorothy Ayers Counts and David R. Counts, *Over the Next Hill: An Ethnography of RVing Seniors in North America* (Toronto: Broadview Press, 1996), 1-14.

[22] 参见 Luke E. Lassiter, *The Power of Kiowa Song: A Collaborative Ethnography* (Tucson: University of Arizona Press, 1998), esp. 17-65.

[23] Wagner, *God's Schools*, 221 ff.

[24] Ibid., 229.

[25] Ibid.

[26] 参见 Clifford Geertz, " 'From the Native's Point of View': On the Nature of Anthropological Understanding," *in Local Knowledge: Further Essays in Interpretive Anthropology* (New York: Basic Books, 1983), 55-70。

[27] Cf. David Hufford, "Ambiguity and the Rhetoric of Belief," *Keystone Folklore* 21, no. 1 (1976): 11-24.

[28] Marjorie Shostak, *Nisa: The Life and Words of a !kung Woman* (New York: Vintage Books, 1981).

[29] 例如可参阅 H. Russell Bernard, *Research Methods in Anthropology:*

Qualitative and Quantitative Approaches, 4th ed. (Walnut Creek, CA: AltaMira Press, 2005)。

[30] 例如可参阅 Luke Eric Lassiter, *The Chicago Guide to Collaborative Ethnography* (Chicago: University of Chicago Press, 2005)。

[31] 更深入的探讨可以参阅 Luke Eric Lassiter, "Collaborative Ethnography and Public Anthropology," *Current Anthropology* 46, no. 1 (2004): 83-97。

[32] George E. Marcus and Michael M. J. Fischer, *Anthropology as Cultural Critique: An Experimental Moment in the Human Sciences* (Chicago: University of Chicago Press, 1986).

[33] 参见本书第 7 章和 David Hufford, "Traditions of Disbelief," *New York Folklore Quarterly* 8 (1982): 47-55。又参见接下来关于民族科学的注释。

[34] 参见 Edward Said, *Orientalism* (New York: Vintage Books, 1979)。

[35] 例如可参阅 Ward H. Goodenough, "Componential Analysis," *Science* 156 (1967): 1203-9。

[36] 参见 Kenneth L. Pike, "Emic and Etic Standpoints for the Description of Behavior," in *Language in Relation to a Unified Theory of the Structure of Human Behavior* (Glendale, CA: Summer Institute of Linguistics, 1954), 8-28。Cf. Robbins Burling, "Linguistics and Ethnographic Description," *American Anthropologist* 71, no.4 (1969): 817-27; Charles O. Frake, "The Ethnographic Study of Cognitive Systems," in *Anthropology and Human Behavior* (Washington, DC: Anthropological

Society of Washington, 1962), 72-93; James P. Spradley, ed., *Culture and Cognition: Rules, Maps, and Plans* (San Francisco: Chandler, 1972); Stephen Tyler, ed., *Cognitive Anthropology* (New York: Holt, 1969); William Sturtevant, "Studies in Ethnoscience," *American Anthropologist* 66, no. 3, pt. 2 (1964): 99-131; and Oswald Werner, "Ethnoscience," *Annual Review of Anthropology* 1 (1972): 271-308.

[37] James P. Spradley, *The Ethnographic Interview* (New York: Holt, Rinehart and Winston, 1979), 11.

[38] Ibid.

[39] 参见 William Sturtevant, "Studies in Ethnoscience"。又参见 Marvin Harris, "Emics, Etics, and the New Ethnography," in *The Rise of Anthropological Theory* (New York: Thomas Y. Crowell, 1968), 568-604。

[40] 例如可参阅 Sherry Ortner, "On Key Symbols," *American Anthropologist* 75, no. 5 (1973): 1338-46。

[41] 例如可参阅 Victor Turner, *Schism and Continuity in an African Society: A Study of Ndembu Village Life* (Manchester, UK: Manchester University Press, 1957)。

[42] 例如可参阅 William Aren, "Professional Football: An American Symbol and Ritual," in *The American Dimension: Cultural Myths and Social Realities* (Sherman Oaks, CA: Alfred Publishing, 1976)。

[43] 关于文化的象征性研究取向的更全面的讨论和举例说明，参见 Herbert Blumer, *Symbolic Interactionism: Perspective and Method* (Englewood Cliffs, NJ: Prentice-Hall, 1969); Clifford Geertz, *The*

Religion of Java (Chicago: University of Chicago Press, 1960); James L. Peacock, *Rites of Modernization: Symbolic and Social Aspects of Indonesian Proletarian Drama* (Chicago: University of Chicago Press, 1968); Victor Turner, *Dramas, Fields, and Metaphors: Symbolic Action in Human Society* (Ithaca, NY: Cornell University Press, 1974)。

[44] Clifford Geertz, *The Interpretation of Cultures* (New York: Basic Books, 1973).

[45] Ibid., 452.

[46] Ibid., 3-30.

[47] Geertz, "From the Native's Point of View," 55-70.

[48] 参见 Marcus and Fischer, *Anthropology as Cultural Critique*。

[49] Barbara Tedlock, *The Beautiful and Dangerous: Dialogues with the Zuni Indians* (New York: Viking, 1992). 诚然，我正在粉饰针对格尔茨发动的更大批评，特别是针对他回避了某文化的当地人实际如何向他们自己表达意义。例如参见 James Clifford and George E. Marcus, eds., *Writing Culture: The Poetics and Politics of Ethnography* (Berkeley: University of California Press, 1986)。

[50] 参见 George E. Marcus and Michael M. J. Fischer, *Anthropology as Cultural Critique: An Experimental Moment in the Human Sciences*, 2nd ed. (Chicago: University of Chicago Press, 1999)。

[51] 关于合作民族志如何契合更大的参与式视角的讨论，参见 Luke Eric Lassiter, "Moving Past Public Anthropology and Doing Collaborative Research," in *Careers in Applied Anthropology: Advice from*

Practitioners and Academics, ed. Carla Guerron-Montero (Washington, DC: American Anthropological Association, 2008), 70–87。

[52] 对《中镇的另一面》项目进展的深入探讨，可参见 Luke Eric Lassiter, "Introduction: The Story of a Collaborative Project," in *The Other Side of Middletown: Exploring Muncie's African American Community*, ed. Luke Eric Lassiter, Hurley Goodall, Elizabeth Campbell, and Michelle Natasya Johnson (Walnut Creek, CA: AltaMira Press, 2004), 1–24。

[53] Ibid., 4–5. 又参见 Lee Papa and Luke Eric Lassiter, "The Muncie Race Riots of 1967, Representing Community Memory through Public Performance, and Collaborative Ethnography between Faculty, Students and the Local Community," *Journal of Contemporary Ethnography* 32, no. 2 (2003): 147–66。

[54] 学生对这一项目的回顾，可以参阅 Michelle Anderson, Sarah Bricker, Eric Efaw, Michelle Johnson, Carrie Kissel, and Anne Kraemer, "Whose Book Is It Anyway? Challenges of the Other Side of Middletown Project," *Anthropology News* 45, no. 7 (2004): 18–19。

[55] 这个简短的描述部分摘自 Luke Eric Lassiter, "2005 Margaret Mead Award Remarks"（应用人类学协会第 66 届年会论文，加拿大不列颠哥伦比亚省温哥华市，2006 年 3 月）。参见 www.sfaa.net/mead/lassiter.html（访问时间为 2014 年 1 月 9 日）。

[56] 参见 Geertz, *The Interpretation of Cultures* and *Local Knowledge*。又可参见 James Clifford, *The Predicament of Culture: Twentieth-Century*

Ethnography, Literature, and Art (Cambridge, MA: Harvard University Press, 1988); Clifford and Marcus, eds., *Writing Culture*; and Renato Rosaldo, *Culture and Truth: The Remaking of Social Analysis* (Boston: Beacon Press, 1993)。

[57] Malinowski, *Argonauts of the Western Pacific*, 518.

[58] Marcus and Fischer, *Anthropology as Cultural Critique*, 1-16.

[59] Margaret Mead, *Coming of Age in Samoa* (New York: Morrow, 1928).

[60] Ibid.

[61] Marcus and Fischer, *Anthropology as Cultural Critique*, 1-16.

[62] 参见 Derek Freeman, *Margaret Mead and Samoa: The Making and Unmaking of an Anthropological Myth* (Cambridge, MA: Harvard University Press, 1983)。

[63] 例如可参阅 George E. Marcus, *Critical Anthropology Now: Unexpected Contexts, Shifting Constituencies, Changing Agendas* (Santa Fe, NM: School of American Research Press, 1999)。

[64] 参见 Lassiter, *The Power of Kiowa Song*, esp. Part I。

[65] Wagner, *God's Schools*, 217.

第 4 章

[1] 大量的文献从多学科的角度研究现代世界体系的历史。对世界体系理论更深入的讨论，可以参考如下研究：Giovanni Arrighi, *The Long Twentieth Century* (London: Verso, 1994); Christopher Chase-

Dunn and Thomas Hall, *Rise and Demise: Comparing World-Systems* (Boulder, CO: Westview Press, 1997); Immanuel Wallerstein, *The Modern World System: Capitalist Agriculture and the Origins of European World-Economy in the Sixteenth Century* (New York: Academic Press, 1974), and *Geopolitics and Geoculture: Essays on the Changing World-System* (Cambridge: Cambridge University Press, 1991)。

[2] 贾雷德·戴蒙德对这一视角进行过最为知名的阐述，见 Jared Diamond, *The Third Chimpanzee: The Evolution and Future of the Human Animal* (New York: HarperCollins, 1992), 180-91; 特别是 *Guns, Germs, and Steel: The Fates of Human Societies* (New York: Norton, 1997)。但考古学家和其他人类学家长期以来一直认为，农业开启了一种至今仍有多方面影响的人类生活方式。当然，我这里只是引导性的讨论，故而简单地介绍了其多样性。关于农业及其影响的复杂性的更深入探讨（以及围绕农业发展的各种人类学探讨），可以参阅 Mark Nathan Cohen, *Health and the Rise of Civilization* (New Haven, CT: Yale University Press, 1989); Mark Nathan Cohen and George J. Armelagos, eds., *Paleopathology at the Origins of Agriculture* (Orlando, FL: Academic Press, 1984); Brian Fagan, *Floods, Famines and Emperors: El Niño and the Fate of Civilizations* (New York: Basic Books, 1999); Elman Service, *Origins of the State and Civilization: The Process of Cultural Evolution* (New York: Norton, 1975); Julian Steward, *Theory of Culture Change: The Methodology of Multilinear Evolution* (Urbana: University of Illinois Press, 1955); Joseph A. Tainter, *The Collapse of Complex Societies*

(New York: Cambridge University Press, 1990); Leslie White, *The Evolution of Culture: The Development of Civilization to the Fall of Rome* (New York: McGraw-Hill, 1959); and Eric Wolf, *Peasants* (Englewood Cliffs, NJ: Prentice-Hall, 1966)。

[3] 想要轻松地阅读关于智人进化的介绍，参见 Donald Johanson and Maitland Edey, *Lucy: The Beginnings of Humankind* (New York: Simon & Schuster, 1981); and Donald Johanson and James Shreeve, *Lucy's Child: The Discovery of a Human Ancestor* (New York: Avon, 1989)。

[4] Cf. Richard Lee and Irven DeVore, eds., *Man the Hunter* (Chicago: Aldine, 1968); G. Philip Rightmire, *The Evolution of* Homo erectus: *Comparative Anatomical Studies of an Extinct Human Species* (Cambridge: Cambridge University Press, 1990); and Robert J. Wenke and Deborah I. Olszewski; *Patterns in Prehistory: Mankind's First Three Million Years*, 5th ed. (Oxford: Oxford University Press, 2006).

[5] 参见 Frances Dahlberg, ed., *Woman the Gatherer* (New Haven, CT: Yale University Press, 1981)。

[6] 更全面的讨论，可参见 Peter P. Schweitzer, Megan Biesele, and Robert K. Hitchcock, eds., *Hunters and Gatherers in the Modern World: Conflict, Resistance, and Self-Determination* (New York: Berghahn Books, 2000)。

[7] Richard Lee, *The Dobe Ju/'hoansi*, 2nd ed. (Fort Worth, TX: Harcourt Brace, 1993), 9-22.

[8] Ibid., 59-60.

[9] Ibid., 58.

[10] Ibid., 60.

[11] 例如参见 Lee and DeVore, *Man the Hunter*。

[12] Cf. George Armelagos and J. R. Dewey, "Evolutionary Response to Human Infectious Diseases," *Bioscience* 157 (1970): 638-44.

[13] Steward, *Theory of Culture Change*.

[14] Ibid.

[15] Lee, *The Dobe Ju/'hoansi*, 61ff. Cf. Marjorie Shostak, *Nisa: The Life and Words of a !Kung Woman* (New York: Vintage Books, 1981).

[16] 更全面的探讨可见 Marshall Sahlins, *Stone Age Economies* (Chicago Aldine-Atherton, 1972)。

[17] 接下来的讨论大多基于 Mark N. Cohen, *The Food Crisis in Prehistory: Overpopulation and the Origins of Agriculture* (New Haven, CT: Yale University Press, 1977)。

[18] Ibid.

[19] 例如参见近年关于非洲东部牧民努尔人的研究成果，其中包括 Jon D. Holtzman, *Nuer Journeys, Nluer Lives: Sudanese Refugees in Minnesota* (Boston: Allyn & Bacon, 2000), and Sharon Hutchinson, *Nuer Dilemmas Coping with War, Money and the State* (Berkeley: University of California Press, 1996)。

[20] Steward, *Theory of Culture Change*.

[21] 例如参见关于分支世系制度的文献，其中最著名的是 E. E.

Evans-Pritchard, *The Nuer: A Description of the Modes of Livelihood and Political Institutions of a Nilotic People* (New York: Oxford University Press, 1940); and Marshal Sahlins, "The Segmentary Lineage: An Organization of Predatory Expansion," *American Anthropologist* 63 (1961): 322-45。也可以参考 Adam Kuper, "Lineage Theory: A Critical Retrospective," *Annual Review of Anthropology* 11 (1982): 71-95; and Henry Munson, "On the Irrelevance of the Segmentary Lineage Model in the Moroccan Rift," *American Anthropologist* 91 (1989): 386-400。

[22] 例如参见 Robert H. Lowie, *Indians of the Plains* (Washington, DC: American Museum of Natural History, 1954)。

[23] 参见 Marshall Sahlins, *Tribesmen* (Englewood Cliffs, NJ: Prentice-Hall, 1968); Service, *Origins of the State*; and Steward, *Theory of Culture Change*。又可参见 Morton Fried, *The Notion of Tribe* (Menlo Park, CA: Cummings, 1975)。

[24] 关于农业的出现以及其他争论的复杂性的讨论，参见 Bruce D. Smith, *The Emergence of Agriculture* (New York: W. H. Freeman, 1995)。参见 T. Douglas Price and Anne Birgitte Gebauer, *Last Hunters, First Farmers: New Perspectives on the Prehistoric Transition to Agriculture* (Santa Fe, NM: School of American Research Press, 1995)。

[25] 关于前国家及其更深层次复杂性的深入讨论，参见 Timothy Earl, ed., *Chiefdoms: Power, Economy, and Ideology* (Cambridge: Cambridge University Press, 1991)。

[26] 对卡霍基亚的更充分讨论，可以参阅 Timothy R. Pauketat,

The Ascent of Chiefs: Cahokia and Mississippian Politics in Native North America (Tuscaloosa: University of Alabama Press, 1994); and Timothy R. Pauketat and Thomas E. Emerson, eds., *Cahokia: Domination and Ideology in the Mississippian World* (Lincoln: University of Nebraska Press, 1997)。

[27] Claudia Gellman Mink, *Cahokia: City of the Sun* (Collinsville, IL: Cahokia Mounds Museum Society, 1999), 24.

[28] Mink, *Cahokia*, 20; 又参见 Pauketat and Emerson, *Cahokia*, 3-5。

[29] Mink, *Cahokia*, 24-25.

[30] Elman Service, *Primitive Social Organization: An Evolutionary Perspective* (New York: Random House, 1962); 又参见 Timothy Earl and J. Erickson, eds., *Exchange Systems in Prehistory* (New York: Academic Press, 1977)。

[31] 参见 Robert Carneiro, "The Chiefdom as Precursor of the State," in *The Transformation to Statehood in the New World*, eds. Grant Jones and Robert Kautz (Cambridge: Cambridge University Press, 1981), 37-97; and Jonathan Haas, *The Evolution of the Prehistoric State* (New York: Columbia University Press, 1982)。

[32] 全面讨论国家、国家的出现，及其对政治经济影响的文献，可参考 Morton Fried, *The Evolution of Political Society: An Essay in Political Anthropology* (New York: Random House, 1967); Allen Johnson and Timothy Earle, *The Evolution of Human Societies: From Foraging Group to Agrarian State* (Stanford, CA: Stanford University Press, 1987); and

Service, *Primitive Social Organization*。

[33] 参见 John S. Henderson, *The World of the Ancient Maya*, 2nd ed. (Ithaca, NY: Cornell University Press, 1997)。

[34] Marshal Sahlins, *Stone Age Economics* (Chicago: Aldine-Atherton, 1972).

[35] Cf. Cohen, *The Food Crisis in Prehistory* and *Health and the Rise of Civilization*.

[36] 更深入细致地讨论市场及其与政治经济的关系的文献，可参考 Terence D'Altroy and Timothy Earle, "Staple Finance, Wealth Finance, and Storage in the Inka Political Economy," *Current Anthropology* 26 (1985): 187-206。

[37] Cf. Johnson and Earl, *The Evolution of Human Societies*.

[38] 例如参见 ibid。

[39] 参见 White, *The Evolution of Culture*。

[40] 例如参见 Diamond, *The Third Chimpanzee*, 180-91。

[41] Diamond, *The Third Chimpanzee*; 又参见 Diamond, *Guns, Germs, and Steel*。Cf. Cohen, *The Food Crisis in Prehistory* and *Health and the Rise of Civilization*.

[42] John H. Bodley, *Anthropology and Contemporary Human Problems*, 3rd ed. (Mountain View, CA: Mayfield Publishing, 1996), 151-52.

[43] 关于人口增长问题的更详细讨论，参见 Bodley, *Anthropology and Contemporary Human Problems* (esp. Chapter 6)。

[44] 参见 Arrighi, *The Long Twentieth Century*; Chase-Dunn and Hall,

Rise and Demise; and Wallerstein, *The Modern World System*。

[45] Cf. Pauketat, *The Ascent of Chiefs*; and Pauketat and Emerson, eds., *Cahokia*.

[46] Jared Diamond, "The Worst Mistake in the History of the Human Race," *Discover* 8 (1987): 66.

[47] Cf. Diamond, *Guns, Germs, and Steel*.

[48] 例如可参阅 Carole Crumley, ed., *New Directions in Anthropology and Environment: Intersections* (Walnut Creek, CA: AltaMira Press, 2001)。

[49] 例如可参阅 Walt Wolfram, *American English: Dialects and Variation* (Malden, MA: Blackwell, 1998)。

[50] 例如可参阅 Jennie M. Smith, *When the Hands Are Many: Community Organization and Social Change in Rural Haiti* (Ithaca, NY: Cornell University Press, 2001)。

第 5 章

[1] Margaret Mead, *Sex and Temperament in Three Primitive Societies* (New York: Morrow, 1935), 279.

[2] Ibid.

[3] Ibid.

[4] Ibid., 279-80.

[5] Elsie Clews Parsons, *Pueblo Indian Religion* (Chicago: University of Chicago Press, 1939), 9ff.

[6] 参见 George Gallup, Jr., and D. Michael Lindsay, *Surveying the Religious Landscape: Trends in U.S. Beliefs* (Harrisburg, PA: Morehouse Publishing, 1999)。

[7] Susan Starr Sered, *Priestess, Mother, Sacred Sister: Religions Dominated by Women* (Oxford: Oxford University Press, 1994), 13-14.

[8] Serena Nanda, *The Hijras of India: Neither Man Nor Woman*, 2nd ed. (Belmont, CA: Wadsworth, 1999), esp. 24-37.

[9] Cf., e.g., Raymond C. Kelly, "Witchcraft and Sexual Relations: An Exploration in the Social and Semantic Implications of the Structure of Belief," in *Man and Woman in the New Guinea Highlands*, ed. Paula Brown, Georgeda Buchbinder, and David Maybury-Lewis (Washington, DC: American Anthropological Association, 1976), 36-53; and Robert F. Murphy, "Social Structure and Sex Antagonism" in *Peoples and Cultures of Native South America*, ed. Daniel R. Gross (Garden City, NY: Doubleday, 1973), 213-24.

[10] Susannah M. Hoffman, Richard Cowan, and Paul Aratow, *Kypseli Women and Men Apart: A Divided Reality* (Berkeley: University of California Extension Media Center, 1973).

[11] Jan Brøgger, *Nazaré: Women and Men in a Prebureaucratic Portuguese Fishing Village* (Forth Worth, TX: Harcourt Brace Jovanovich, 1992).

[12] Ibid., 16.

[13] Carol P. MacCormack, "Nature, Culture, and Gender: A Critique," in *Nature, Culture, and Gender*, ed. Carol P. MacCormack and Marilyn

Strathern (Cambridge: Cambridge University Press, 1980), 18.

[14] Will Roscoe, *Changing Ones: Third and Fourth Genders in Native North America* (New York: St. Martin's Press, 1998), 7, 223-47.

[15] 参见 Charles Callender and Lee M. Kochems, "The North American Berdache," *Current Anthropology* 24, no. 4 (1983): 443-70。

[16] Alfred W. Bowers, *Hidatsa Social and Ceremonial Organization* (Washington, DC: Bureau of American Ethnology, 1965), 167.

[17] Ibid., 166-67; Callender and Kochems, "The North American Berdache," 451.

[18] 参见 Callender and Kochems, "The North American Berdache," 451-53。

[19] Ibid.

[20] George Devereux, "Institutionalized Homosexuality of the Mohave Indians," *Human Biology* 9: 498-527. 简洁的描述，也可参阅 Serena Nanda, *Gender Diversity: Crosscultural Variations* (Prospect Heights, IL: Waveland Press, 2000), 21-23。我在美国大西南莫哈维族的实习工作是跟随 Alice B. Kehoe, *North American Indians: A Comprehensive Account*, 2nd ed. (Englewood Cliffs, NJ: Prentice Hall, 1992), 103-59。

[21] 除了 Devereux, "Institutionalized Homosexuality of the Mohave Indians"，还可参阅 George Bird Grinnell, *The Cheyenne Indians: Their History and Ways of Life*, 2 vols. (New Haven, CT: Yale University Press, 1923), 39–47, and Wesley Thomas, "Navajo Cultural Constructions

of Gender and Sexuality," in *Two-Spirit People: Native American Gender Identity, Sexuality, and Spirituality*, ed. Sue-Ellen Jacobs, Wesley Thomas, and Sabine Lang (Urbana: University of Illinois Press, 1997), 156-73。Cf. Roscoe, *Changing Ones*, 213-47.

[22] 参见 Beatrice Medicine, " 'Warrior Women': Sex Role Alternatives for Plains Indian Women," in *The Hidden Half: Studies of Plains Indian Women* (Lanham, MD: University Press of America, 1983), 267-80。

[23] Ibid., 276.

[24] 例如，可以参阅 Brian Joseph Gilley, *Becoming Two-Spirit: Gay Identity and Social Acceptance in Indian Country* (Lincoln: University of Nebraska Press, 2006)。

[25] Nanda, *Neither Man Nor Woman: The Hijiras of India*, 130-37. 又可参见 Unni Wikan, "Man Becomes Woman: Transsexualism in Oman as a Key to Gender Roles," *Man* 12 (1977): 304-19; Niko Besnier, "Polynesian Gender Liminality through Time and Space," in *Third Sex, Third Gender: Beyond Sexual Dimorphism in Culture and History*, ed. Gilbert Herdt (New York: Zone, 1996), 285-328; and Antonia Young, *Women Who Become Men: Albanian Sworn Virgins* (Oxford: Berg, 2000)。

[26] 参见 Marjorie Shostak, *Nisa: The Life and Words of a !Kung Woman* (New York: Vintage Books, 1981), 243。

[27] 参见 Martha Ward, *A World Full of Women* (Boston: Allyn & Bacon, 1996), 218-22。

[28] 除了 Mead, *Sex and Temperament*，也可参考 Simone de Beauvoir,

The Second Sex, trans. H. M. Pashley (New York: Knopf, 1953); and Margaret Mead, *Male and Female* (New York: Morrow, 1949)。

[29] Michelle Zimbalist Rosaldo and Louise Lamphere, eds., *Women, Culture, and Society* (Stanford, CA: Stanford University Press, 1974). 其他重要的著作包括 Ernestine Freidl, *Women and Men: An Anthropologist's View* (New York: Holt, Rinehart, and Winston, 1975); and Rayna Reiter, *Toward an Anthropology of Women* (New York: Monthly Review Press, 1975)。接下来的讨论来源如下，包括 Micaela Di Leonardo, *Gender at the Crossroads of Knowledge: Feminist Anthropology in the Postmodern Era* (Berkeley: University of California Press, 1991); Louise Lamphere, "Feminism and Anthropology: The Struggle to Reshape Our Thinking about Gender," in *The Impact of Feminist Research in the Academy*, ed. Christie Farnham (Bloomington: University of Indiana Press, 1987), 11-33; Henrietta Moore, *Feminism and Anthropology* (Minneapolis: University of Minnesota Press, 1988); Sandra Morgen, "Gender and Anthropology: Introductory Essay," in *Gender and Anthropology: Critical Reviews for Research and Teaching*, ed. Sandra Morgen (Washington, DC: American Anthropological Association, 1989), 1-20; and Michelle Rosaldo, "The Use and Abuse of Anthropology: Reflections on Feminism and Cross-Cultural Understanding," *Signs* 5, no. 3 (1980): 389-417。

[30] Rosaldo and Lamphere, "Women, Culture, and Society: A Theoretical Overview," in *Women, Culture, and Society*, 42.

[31] 卡拉·E. 理查德（Cara E. Richards），个人交流。又参见 Peggy Reeves Sanday, *Female Power and Male Dominance: On the Origins of Sexual Inequality* (Cambridge: Cambridge University Press, 1981), 24-28。

[32] MacCormack, "Nature, Culture, and Gender: A Critique," 17.

[33] Sered, *Priestess, Mother, Sacred Sister*, 14.

[34] Sanday, *Female Power and Male Dominance*, 171.

[35] Hazel Carby, "White Women Listen! Black Feminism and the Boundaries of Sisterhood," in *The Empire Strikes Back: Race and Racism in 70's Britain*, ed. Birmingham University Centre for Contemporary Cultural Studies (London: Hutchinson, 1982), 214.

[36] 除了 Carby，还可以参考 Patricia Hill Collins, *Black Feminist Thought: Knowledge, Consciousness, and the Politics of Empowerment*, 2nd ed. (New York: Routledge, 2000); Gloria Hull, Patricia Bell Scott, and Barbara Smith, eds., *All the Women Are White, All the Blacks Are Men, But Some of Us Are Brave* (Old Westbury, NY: Feminist Press, 1982); and bell hooks, *Yearning: Race, Gender, and Cultural Politics* (Boston: South End Press, 1990)。对这一批评（这里并没有讨论）而言，同样重要的是女性主义人类学家选择通过民族志及其他形式来代表其他妇女发声。特别是，民族志学者开始着手解决自己和所研究的妇女在日常安排上的真正差异。关于这个民族志问题的一个特别有趣的讨论，可参见 Elaine Lawless, " 'I Was Afraid Someone Like You... an Outsider... Would Misunderstand': Negotiating Interpretive

Differences between Ethnographers and Subjects," *Journal of American Folklore* 105 (1992): 301-14。Cf. Elaine Lawless, *Holy Women, Wholly Women: Sharing Ministries through Life Stories and Reciprocal Ethnography* (Philadelphia: University of Pennsylvania Press, 1993), esp. 1-7。

[37] 例如可参见 Joan Newlon Radner, ed., *Feminist Messages: Coding in Women's Folk Culture* (Urbana: University of Illinois Press, 1993)。

[38] Louise Lamphere, "Feminism and Anthropology: The Struggle to Reshape Our Thinking about Gender," in *The Impact of Feminist Research in the Academy*, ed. Christie Farnham (Bloomington: Indiana University Press, 1987), 24.

[39] Henrietta Moore, *Feminism and Anthropology* (Minneapolis: University of Minnesota Press, 1988), 6. 对于许多其他没有在这里讨论的研究进展，无论是女性主义人类学还是人类学的性别研究，可以参考 Lila Abu-Lughod, *Writing Women's Worlds* (Berkeley: University of California Press, 1993); Sherry Ortner, *Making Gender: The Politics and Erotics of Culture* (Boston: Beacon Press, 1996); and Peggy Reeves Sanday and Ruth Gallagher Goodenough, eds., *Beyond the Second Sex: New Directions in the Anthropology of Gender* (Philadelphia: University of Pennsylvania Press, 1990)。

[40] 参见 United Nations Population Fund, *The State of World Population 2000* (New York: United Nations Population Fund), esp. Chapter 3, "Violence against Women and Girls: A Human Rights and Health Priority"。

[41] 例如参见 Moore, *Feminism and Anthropology*。

第 6 章

[1] 比利·埃文斯·豪斯，与作者的交谈，1992 年 7 月。

[2] 为了便于参照，我把亲属关系和家庭都列在这里。诚然，许多人类学家对家庭和血缘关系有着明确的区分。与此同时，关于“家庭”的一致看法却很少，人类学家还在争论如何把它定义为一个分析范畴。例如，可以参阅 George P. Murdock, *Social Structure* (New York: Macmillan, 1949); David Schneider, *American Kinship: A Cultural Account* (Englewood Cliffs, NJ: Prentice-Hall, 1968); Barrie Thorne, ed., *Rethinking the Family*, 2nd ed. (Boston: Northeastern University Press, 1992); and Sylvia Yanagisako, “Family and Household: The Analysis of Domestic Groups,” *Annual Review of Anthropology* 8 (1979): 161-205。

[3] 下面的描述是基于从 20 世纪 90 年代初至今我在基奥瓦社区不间断的田野工作（参见 Luke E. Lassiter, *The Power of Kiowa Song: A Collaborative Ethnography* [Tucson: University of Arizona Press, 1998])。如我在下文所述，今天的基奥瓦亲属关系在不同家庭中的计算方式是多元的，而其历史模式则比这里所简略（以及仅仅部分的）呈现的更为复杂。当专门使用基奥瓦术语时，也会使用更多特定用语。的确，基奥瓦语言学家和历史学家帕克·麦肯齐（Parker McKenzie）曾提到，基奥瓦人曾一度使用超过三十个不同的亲属分类（“Kiowa Relationship Terms,” Parker McKenzie

Collection, Oklahoma Historical Society Research Center, Oklahoma City)。对基奥瓦亲属关系的历史描述，参见 Robert H. Lowie, "A Note on Kiowa Kinship Terms and Usages," *American Anthropologist* 25 (1923): 279-81。

[4] 拉尔夫·科塔伊（Ralph Kotay），个人交流，2002 年 3 月。也可参阅"Kiowa Relationship Terms," Parker Mckenzie Collection。

[5] Bernadine Herwona Toyebo Rhoades, "Keintaddle," in *Gifts of Pride and Love: Kiowa and Comanche Cradles*, ed. Barbara A. Hail (Bristol, RI: Haffenreffer Museum of Anthropology, Brown University, 2000), 89.

[6] 在之前的版本中，为了避免混淆，我并没有把我对基奥瓦亲属关系的介绍放在正文中（而是在注释中简单提及）。在 2007 年 6 月同比利·埃文斯·豪斯一起修订本章后，他强烈认为我应该在前面阐明，基奥瓦社群现在计算亲属关系的实践是更古老也更复杂难懂的计算方式的当代（而且有时是高度变化的）表达。参见注释 [3]。

[7] Gus Palmer Jr., *Telling Stories the Kiowa Way* (Tucson: University of Arizona Press, 2003), xvi.

[8] 改编自 Jane Richardson, *Law and Status among the Kiowa Indians* (Seattle: University of Washington Press, 1940), 65。

[9] Palmer, *Telling Stories the Kiowa Way*, xv.

[10] 例如参阅 Lassiter, *The Power of Kiowa Song*, 86–88, 167–69。

[11] 我在这里的讨论主要限于乱伦禁忌及其与交表婚和平表

婚的关系。人类学家通常会对乱伦、外婚制和内婚制进行更广泛的讨论。例如 William Arens, *The Original Sin: Incest and Its Meanings* (Oxford: Oxford University Press, 1986); Linda Stone, ed., *New Directions in Anthropological Kinship* (Lanham, MD: Rowman & Littlefield, 2001); and Claude Lévi-Strauss, *The Elementary Structures of Kinship* (Boston: Beacon Press, 1969)。

[12] 例如可参见 Edmund Leach, "Polyandry, Inheritance and the Definition of Marriage," *Man* 55 (1955): 182-86, and *Rethinking Anthropology* (London: Athlone Press, 1961); Rodney Needham, ed., *Rethinking Kinship and Marriage* (London: Tavistock, 1971), and *Remarks and Inventions: Skeptical Essays about Kinship* (London: Tavistock, 1974); W. H. R. Rivers, *Kinship and Social Organization* (New York: Humanities Press, 1968); Judith R. Shapiro, "Marriage Rules, Marriage Exchange, and the Definition of Marriage in Lowland South American Societies," in *Marriage Practices in Lowland South America*, ed. Kenneth M. Kensinger (Urbana: University of Illinois Press, 1984), 1-30; and Linda Stone, ed., *New Directions in Anthropological Kinship* (Lanham, MD: Rowman & Littlefield, 2001)。

[13] 参见 Eileen Jensen Krige, "Woman-Marriage, with Special Reference to the Lovedu—It's Significance for the Definition of Marriage," *Africa* 44 (1974): 11-36，其中写到"在许多非洲社会都可以找到女性之间的婚姻"(11)。又参见 Denise O'Brien, "Female Husbands in Southern Bantu Societies," in *Sexual Stratification: A Cross-*

Cultural View, ed. Alice Schlegel (New York: Columbia University Press, 1977), 109-26，其中写到“女性丈夫可能属于30多个非洲族群中的任何一个，她可能生活在至少从18世纪到现在的任何时候”(109)。

[14] 参见 E. E. Evans-Pritchard, *Kinship and Marriage among the Nuer* (London: Oxford University Press, 1951); Regina Smith Oboler, “Is the Female Husband a Man? Woman/Woman Marriage among the Nandi of Kenya,” *Ethnology* 19 (1980): 69-88; Ifi Amadiume, *Male Daughters, Female Husbands* (London: Zed Books, 1987); and M. Gluckman, “Kinship and Marriage among the Lozi of Northern Rhodesia and the Zulu of Natal,” in *African Systems of Kinship and Marriage*, ed. A. R. Radcliffe-Brown and D. Forde (London: Oxford University Press, 1950), 166-206。又参见 Krige, “Woman-Marriage, with Special Reference to the Lovedu,” and O’Brien, “Female Husbands in Southern Bantu Societies”。

[15] 参见 Nancy Levine, *The Dynamics of Polyandry: Kinship, Domesticity, and Population in the Tibetan Border* (Chicago: University of Chicago Press, 1988)。

[16] William C. Young, *The Rashaayda Bedouin: Arab Pastoralists of Eastern Sudan* (Fort Worth, TX: Harcourt Brace, 1996), 65.

[17] Ibid., 64-65.

[18] Robert Lowie, *Indians of the Plains* (Washington, DC: American Museum of Natural History, 1954), 79-80.

[19] Young, *The Rashaayda Bedouin*, 64.

[20] 例如可参阅 United Nations Population Fund, *The State of World Population 2000* (New York: United Nations Population Fund), esp. Chapter 6, "Women's Rights Are Human Rights"。

[21] 摘 自 Elizabeth Joseph, "Creating a Dialogue: Women Talking to Women"（论文发表在美国国家妇女组织的犹他州分会，1997 年 5 月）。

[22] Richard Lee, *The Dobe Ju/'hoansi*, 2nd ed. (Fort Worth, TX: Harcourt Brace, 1993), 80-82.

[23] Cf. Jane Fishburne Collier, "Rank and Marriage: Or Why High-Ranking Brides Cost More," in *Gender and Kinship: Essays toward a Unified Analysis*, ed. Jane Fishburne Collier, Sylvia Junko Yanagisako, and Maurice Bloch (Stanford, CA: Stanford University Press, 1987), 197-220.

[24] 参见 Margery Wolf, *Women and the Family in Rural Taiwan* (Stanford, CA: Stanford University Press, 1972)。

[25] Cf. Margery Wolf, "Chinese Women: Old Skills in a New Context," in *Women, Culture, and Society*, ed. Michelle Zimbalist Rosaldo and Louise Lamphere (Stanford, CA: Stanford University Press, 1974), 157-72.

[26] 参见 Lévi-Strauss, *The Elementary Structures of Kinship*。又参见 Arens, *The Original Sin*。

[27] Ibid.

第 7 章

[1] 对通灵术和神医弗里茨现象的更细致探讨，请参见 Sidney M. Greenfield, "The Return of Dr. Fritz: Spiritist Healing and Patronage Networks in Urban, Industrial Brazil," *Social Science and Medicine* 24, no. 12 (1987): 1095-107; David Hess, *Samba in the Night: Spiritism in Brazil* (New York: Columbia University Press, 1994) and *Spirits and Scientists: Ideology, Spiritism, and Brazilian Culture* (University Park: Pennsylvania State University Press, 1991); and Darrell William Lynch, "Patient Satisfaction with Spiritist Healing in Brazil," MA thesis, University of Tennessee, Knoxville, 1996。

[2] *The New English Bible*, 1st ed. (New York: Oxford University Press, 1961).

[3] 正如我在书中所述，许多人类学家和其他领域的学者都对持蛇进行过研究。例如，可以参考 Thomas Burton, *Serpent-Handling Believers* (Knoxville: University of Tennessee Press, 1993); David Kimbrough, *Taking Up Serpents* (Chapel Hill: University of North Carolina Press, 1994); and Weston LaBarre, *They Shall Take Up Serpents* (Minneapolis: University of Minnesota Press, 1962)。

[4] Aihwa Ong, *Spirits of Resistance and Capitalist Discipline: Factory Women in Malaysia* (Albany: State University of New York Press, 1987).

[5] 这项讨论的许多内容都来自我的研究生教授给予我的启发，他是来自北卡罗来纳大学教堂山（Chapel Hill）分校的格伦 · D. 欣森（Glenn D. Hinson）教授。除了欣森，下面的讨论很大程度

上参考了 David Hufford, "Traditions of Disbelief," *New York Folklore Quarterly* 8 (1982): 47-55。其他以民族志为基础的讨论把这一议题视为一个认识论问题，例如参见 Karen McCarthy Brown, *Mama Lola: A Vodou Priestess in Brooklyn* (Berkeley: University of California Press, 1991); Bruce T. Grindal, "Into the Heart of Sisala Experience: Witnessing Death Divination," *Journal of Anthropological Research* 39 (1983): 60-80; Glenn D. Hinson, *Fire in My Bones: Transcendence and the Holy Spirit in African American Gospel* (Philadelphia: University of Pennsylvania Press, 2000), 特别是附录 ; Luke E. Lassiter, *The Power of Kiowa Song: A Collaborative Ethnography* (Tucson: University of Arizona Press, 1998), esp. chapters 12 and 13, and "From 'Reading Over the Shoulders of Natives' to 'Reading Alongside Natives,' Literally: Toward a Collaborative and Reciprocal Ethnography," *Journal of Anthropological Research* 57, no. 2 (2001): 137-49, esp. 140-41; Bonnie Blair O'Connor, *Healing Traditions: Alternative Medicine and the Health Professions* (Philadelphia: University of Pennsylvania Press, 1995); and Edith Turner, "A Visible Spirit Form in Zambia," in *Being Changed by Cross-Cultural Encounters: The Anthropology of Extraordinary Experience*, ed. David E. Young and Jean-Guy Goulet (Peterborough, ON: Broadview Press, 1994)。

[6] Hufford, "Traditions of Disbelief," 49-53.

[7] 摘自 Hufford, "Traditions of Disbelief," 47。

[8] Hufford, "Traditions of Disbelief."

[9] Ibid.

[10] James G. Frazer, *The Golden Bough: The Roots of Religion and Folklore* (New York: Gramercy Books, 1981[1890]), 30.

[11] Hufford, "Traditions of Disbelief," 47.

[12] 例如可参阅人类学教科书中关于宗教的导论。如 Daniel G. Bates, *Cultural Anthropology* (Boston: Allyn & Bacon, 1996), Chapter 12; Carol R. Ember and Melvin Ember, *Cultural Anthropology*, 9th ed. (Upper Saddle River, NJ: Prentice-Hall, 1999), Chapter 14; Marvin Harris, *Cultural Anthropology*, 4th ed. (New York: HarperCollins, 1995), Chapter 17; William A. Haviland, *Cultural Anthropology*, 9th ed. (Fort Worth, TX: Harcourt Brace, 1999), Chapter 13; Michael C. Howard, *Contemporary Cultural Anthropology*, 5th ed. (New York: HarperCollins, 1996), Chapter 13; Conrad Phillip Kottak, *Anthropology: The Exploration of Diversity*, 8th ed. (Boston: McGraw-Hill, 2000), Chapter 17; Barbara D. Miller, *Cultural Anthropology* (Boston: Allyn & Bacon, 1999), Chapter 13; Serena Nanda and Richard L. Warms, *Cultural Anthropology*, 6th ed. (Belmont, CA: Wadsworth, 1998), Chapter 13; Michael Alan Park, *Introducing Anthropology: An Integrated Approach* (Mountain View, CA: Mayfield Publishing, 2000), Chapter 12; James Peoples and Garrick Bailey, *Humanity: An Introduction to Cultural Anthropology*, 5th ed. (Belmont, CA: Wadsworth, 2000), Chapter 13; Richard H. Robbins, *Cultural Anthropology: A Problem-Based Approach*, 3rd ed. (Itasca, IL: Peacock, 2001), Chapter 4; Emily A. Schultz and Robert H. Lavenda,

Cultural Anthropology: A Perspective on the Human Condition, 5th ed. (Mountain View, CA: Mayfield Publishing, 2001), Chapter 8; and Mari Womack, *Being Human: An Introduction to Cultural Anthropology* (Upper Saddle River, NJ: Prentice-Hall, 1998), Chapter 9。

[13] 参见 Greenfield, "The Return of Dr. Fritz"; Hess, *Samba in the Night* and *Spirits and Scientists*; and Lynch, "Patient Satisfaction with Spiritist Healing in Brazil"。

[14] 例如参见 Billings, "Religion as Opposition"; Kimbrough, *Taking Up Serpents*; and Schwartz, "Ordeal by Serpents, Fire, and Strychnine"。对于持蛇文献中关于此主题及其他主题的全面考察，可以参考 Keith G. Tidball and Chris Toumey, "Serpent Handling in Appalachia and Ritual Theory in Anthropology," in *Signifying Serpents and Mardi Gras Runners: Representation and Identity in Selected Souths*, ed. Celeste Ray and Luke Eric Lassiter (Athens: University of Georgia Press, 2003)。

[15] 参见 Ong, *Spirits of Resistance and Capitalist Discipline*。

[16] Hufford, "Traditions of Disbelief."

[17] Ibid., 47-48.

[18] Ibid., 47.

[19] 改编自达雷尔·林奇，个人交流，2002 年 3 月 13 日。

[20] Hufford, "Traditions of Disbelief," 53.

[21] 民族志文本充满了对宗教信仰和行为以及它们作为特定文化系统之功能的意义的描述。可以肯定，民族志最接近于描述超自然遭遇和体验的深层意义。然而，如伊迪丝·特纳（Edith Turner）

所述，“对灵魂相关体验的报告……而非体验本身，被视为合适的人类学资料。宗教研究亦是如此。宗教学者试图根据隐喻来解释对遭遇灵魂的记述。至于灵魂是否真实存在的问题则没有被考虑过”（Edith Turner, “A Visible Spirit Form in Zambia,” 71）。

[22] 参见 Greenfield, “The Return of Dr. Fritz”; Hess, *Samba in the Night* and *Spirits and Scientists*; Lynch, “Patient Satisfaction with Spiritist Healing in Brazil”。

[23] James L. Peacock, *The Anthropological Lens: Harsh Light, Soft Focus* (Cambridge: Cambridge University Press, 1986), 18.

[24] 参见 Hufford, “Traditions of Disbelief”，虽没有明确地提出这一观点，但隐含着同样的论断。

[25] 例如可参见 Luke E. Lassiter, *The Power of Kiowa Song*, and Luke E. Lassiter, Clyde Ellis and Ralph Kotay, *The Jesus Road: Kiowas, Christianity, and Indian Hymns* (Lincoln: University of Nebraska Press, 2002)。

[26] Bronislaw Malinowski, *Argonauts of the Western Pacific* (New York: Dutton, 1922), 518.

参考书目

第 1 章

Baker, Lee D. *From Savage to Negro: Anthropology and the Construction of Race, 1896-1954*. Berkeley: University of California Press, 1998.

——, ed. *Life in America: Identity and Everyday Experience*. Oxford: Blackwell, 2004.

——. *Anthropology and the Racial Politics of Culture*. Durham, NC: Duke University Press, 2010.

Boas, Franz. *The Central Eskimo*. Washington, DC.: Smithsonian Institution, 1888.

——. "The Limitations of the Comparative Method in Anthropology," *Science* 4 (1896): 901-8.

——. *Anthropology and Modern Life*. New York: Norton, 1928.

——. *Race, Language, and Culture*. New York: The Free Press, 1940.

Bowler, Peter J. *Evolution: The History of an Idea*. 3rd ed. Berkeley: University of California Press, 2003.

Bush, Melanie E. L. *Breaking the Code of Good Intentions: Everyday Forms *of Whiteness*. Lanham, MD: Rowman & Littlefield, 2004.

Cole, Douglas. *Franz Boas: The Early Years, 1858-1906*. Seattle: University of Washington Press, 1999.

Feagin, Joe R., and Karyn D. McKinney. *The Many Costs of Racism*. Lanham, MD: Rowman & Littlefield, 2003.

Grant, Peter R. *Ecology and Evolution of Darwin's Finches*. Princeton, NJ: Princeton University Press, 1986.

Madison, James H. *A Lynching in the Heartland: Race and Memory in America*. New York: Palgrave, 2001.

Marks, Jonathan. *Human Biodiversity: Genes, Race, and History*. New York: Aldine de Gruyter, 1995.

——. *What It Means to Be 98% Chimpanzee: Apes, People, and Their Genes*. Berkeley: University of California Press, 2002.

Montagu, Ashley. *Man's Most Dangerous Myth: The Fallacy of Race*. New York: Columbia University Press, 1942.

Nesse, Randolph M., and George C. Williams. *Why We Get Sick: The New Science of Darwinian Medicine*. New York: Times Books, 1994.

Scupin, Raymond, ed. *Race and Ethnicity: An Anthropological Focus on the United States and the World*. Upper Saddle River, NJ: Prentice Hall, 2003.

Smedley, Audrey. *Race in North America: Origin and Evolution of a Worldview*. 3rd ed. Boulder, CO: Westview Press, 2007.

Stocking, George W. *Race, Culture, and Evolution: Essays in the History of*

Anthropology. New York: Free Press, 1968.

Weiner, Jonathan. *The Beak of the Finch*. New York: Vintage Books, 1995.

Wills, Christopher. *Children of Prometheus: The Accelerating Pace of Human Evolution*. New York: Perseus Books, 1998.

Wray, Matt. *Not Quite White: White Trash and the Boundaries of Whiteness*. Durham, NC: Duke University Press, 2006.

第 2 章

Bourdieu, Pierre. *Outline of a Theory of Practice*. Translated by R. Nice. Cambridge: Cambridge University Press, 1977.

Boyd, Colleen E., and Luke Eric Lassiter, eds. *Explorations of Cultural Anthropology*. Lanham, MD: AltaMira Press, 2011.

Clifford, James. *The Predicament of Culture*. Cambridge: Harvard University Press, 1988.

Delaney, Carol. *Investigating Culture: An Experiential Introduction to Anthropology*. Oxford: Blackwell, 2004.

DeVita, Philip R., ed. *Stumbling toward Truth: Anthropologists at Work*. Prospect Heights, IL: Waveland Press, 2000.

Field, Les, and Richard G. Fox. *Anthropology Put to Work*. Oxford: Berg, 2007.

Geertz, Clifford. *The Interpretation of Cultures*. New York: Basic Books, 1973.

——. *Local Knowledge: Further Essays in Interpretive Anthropology*. New York: Basic Books, 1983.

Goodenough, Ward. *Culture, Language, and Society*. Menlo Park, CA: Benjamin / Cummings, 1981.

Hirschberg, Stuart, and Terry Hirschberg. *One World: Many Cultures*. 7th ed. New York: Pearson, 2008.

Jackson, Michael, ed. *Things As They Are: New Directions in Phenomenological Anthropology*. Bloomington: Indiana University Press, 1996.

Langness, L. L. *The Study of Culture*. Novato, CA: Chandler & Sharp, 2005.

MacClancy, Jeremy, ed. *Exotic No More: Anthropology on the Front Lines*. Chicago: University of Chicago Press, 2002.

Moore, Jerry D. *Visions of Culture: An Introduction to Anthropological Theories and Theorists*. 3rd ed. Walnut Creek, CA: AltaMira Press, 2008.

Ortner, Sherry B. *Anthropology and Social Theory: Culture, Power, and the Acting Subject*. Durham, NC: Duke University Press, 2006.

Peacock, James L. *The Anthropological Lens: Harsh Light, Soft Focus*. 2nd ed. Cambridge: Cambridge University Press, 2002.

Perry, Richard J. *Five Concepts in Anthropological Thinking*. Upper Saddle River, NJ: Prentice Hall, 2003.

Rosaldo, Renato. *Culture and Truth: The Remaking of Social Analysis*. Boston: Beacon Press, 1993.

Salzman, Philip Carl. *Understanding Culture: An Introduction to Anthropological Theory*. Prospect Heights, IL: Waveland Press, 2001.

Selig, Ruth Osterweis, Marilyn R. London, and P. Ann Kaupp, eds. *Anthropology Explored: The Best of Smithsonian AnthroNotes*. 2nd ed. Washington, DC: Smithsonian Books, 2004.

Spradley, James P., ed. *Culture and Cognition: Rules, Maps, and Plans*. San Francisco: Chandler, 1972.

Tedlock, Dennis, and Bruce Mannheim, eds. *The Dialogic Emergence of Culture*. Urbana: University of Illinois Press, 1995.

Turner, Victor W., and Edward M. Bruner. *The Anthropology of Experience*. Chicago: University of Illinois Press, 1986.

Van der Elst, Dirk, with Paul Bohannan. *Culture as Given, Culture as Choice*. 2nd ed. Prospect Heights, IL: Waveland Press, 2003.

第3章

Angrosino, Michael V. *Projects in Ethnographic Research*. Prospect Heights, IL: Waveland Press, 2005.

Bourgois, Philippe. *In Search of Respect: Selling Crack in El Barrio*. 2nd ed. Cambridge: Cambridge University Press, 2003.

Clifford, James, and George E. Marcus, eds. *Writing Culture: The Poetics and Politics of Ethnography*. Berkeley: University of California Press, 1986.

Counts, Dorothy Ayers, and David R. Counts. *Over the Next Hill: An*

Ethnography of RVing Seniors in North America. 2nd ed. Peterborough, Ontario: Broadview Press, 2001.

DeWalt, Kathleen M., and Billie R. DeWalt. *Participant Observation: A Guide for Fieldworkers.* Walnut Creek, CA: AltaMira Press, 2002.

Emerson, Robert M. *Contemporary Field Research: Perspectives and Formulations.* 2nd ed. Prospect Heights, IL: Waveland Press, 2001.

Emerson, Robert M., Rachel I. Fretz, and Linda L. Shaw. *Writing Ethnographic Fieldnotes.* Chicago: University of Chicago Press, 1995.

Faubion, James D., and George E. Marcus, eds. *Fieldwork Is Not What It Used to Be: Learning Anthropology's Method in a Time of Transition.* Ithaca, NY: Cornell University Press, 2009.

Kemper, Robert V., and Anya Peterson Royce. *Chronicling Cultures: Long-Term Field Research in Anthropology.* Walnut Creek, CA: AltaMira Press, 2002.

Lassiter, Luke E. *The Chicago Guide to Collaborative Ethnography.* Chicago: University of Chicago Press, 2005.

Lassiter, Luke Eric, Hurley Goodall, Elizabeth Campbell, and Michelle Natasya Johnson, eds. *The Other Side of Middletown: Exploring Muncie's African American Community.* Walnut Creek, CA: AltaMira Press, 2004.

Malinowski, Bronislaw. *Argonauts of the Western Pacific.* New York: Dutton, 1922.

Marcus, George E. *Ethnography through Thick and Thin.* Princeton, NJ:

Princeton University Press, 1998.

Marcus, George E., and Michael M. J. Fischer. *Anthropology as Cultural Critique: An Experimental Moment in the Human Sciences*. 2nd ed. Chicago: University of Chicago Press, 1999.

Mead, Margaret. *Coming of Age in Samoa*. New York: Morrow, 1928.

Schensul, Jean J., and Margaret D. LeCompte, eds. *Ethnographer's Toolkit*. 7 vols. Walnut Creek, CA: AltaMira Press, 1999.

Spradley, James P., *The Ethnographic Interview*. New York: Holt, Rinehart and Winston, 1979.

Stocking, George W., *The Ethnographer's Magic and Other Essays in the History of Anthropology*. Madison: University of Wisconsin Press, 1992.

Sunstein, Bonnie Stone, and Elizabeth Chiseri-Strater. *Fieldworking: Reading and Writing Research*. 3rd ed. Boston: Bedford/St. Martin's, 2007.

Tedlock, Barbara. *The Beautiful and Dangerous: Dialogues with the Zuni Indians*. New York: Viking, 1992.

Van Maanen, John. *Tales of the Field: On Writing Ethnography*. Chicago: University of Chicago Press, 1988.

Wagner, Melinda Bollar. *God's Schools: Choice and Compromise in American Society*. New Brunswick, NJ: Rutgers University Press, 1990.

第4章

Bodley, John H. *Anthropology and Contemporary Human Problems*. 5th ed. Walnut Creek, CA: AltaMira Press, 2007.

Cohen, Mark Nathan. *The Food Crisis in Prehistory: Overpopulation and the Origins of Agriculture*. New Haven, CT: Yale University Press, 1977.

——. *Health and the Rise of Civilization*. New Haven, CT: Yale University Press, 1989.

Cohen, Mark Nathan, and George J. Armelagos, eds. *Paleopathology at the Origins of Agriculture*. Orlando, FL: Academic Press, 1984.

Cook, Samuel R. *Monacans and Miners: Native American and Coal Mining Communities in Appalachia*. Lincoln: University of Nebraska Press, 2000.

Dahlberg, Frances, ed. *Woman the Gatherer*. New Haven, CT: Yale University Press, 1981.

Diamond, Jared. *The Third Chimpanzee: The Evolution and Future of the Human Animal*. New York: HarperCollins, 1992.

——. *Guns, Germs, and Steel: The Fates of Human Societies*. New York: Norton, 1997.

——. *Collapse: How Societies Choose to Fail or Succeed*. New York: Viking, 2005.

Earl, Timothy, ed. *Chiefdoms: Power, Economy, and Ideology*. Cambridge: Cambridge University Press, 1991.

Fagan, Brian. *Floods, Famines and Emperors: El Niño and the Fate of*

Civilizations. New York: Basic Books, 1999.

Haas, Jonathan. *The Evolution of the Prehistoric State*. New York: Columbia University Press, 1982.

Johnson, Allen, and Timothy Earle. *The Evolution of Human Societies: From Foraging Group to Agrarian State*. Stanford, CA: Stanford University Press, 1987.

Jones, Grant, and Robert Kautz. *The Transformation to Statehood in the New World*. Cambridge: Cambridge University Press, 1981.

Kehoe, Alice. *The Land of Prehistory: A Critical History of American Archaeology*. New York: Routledge, 1998.

Inda, Jonathan Xavier, and Renato Rosaldo, eds. *The Anthropology of Globalization*. 2nd ed. Oxford: Blackwell, 2008.

Lee, Richard. *The Dobe Ju/'hoansi*. 3rd ed. Belmont, CA: Wadsworth Thomson Learning, 2003.

Lee, Richard, and Irven DeVore, eds. *Man the Hunter*. Chicago: Aldine, 1968.

Menzie, Charles. *Red Flags and Lace Coiffes: Identity and Survival in a Breton Village*. Toronto, ON: University of Toronto Press, 2011.

Pauketat, Timothy R., and Thomas E. Emerson, eds. *Cahokia: Domination and Ideology in the Mississippian World*. Lincoln: University of Nebraska Press, 1997.

Peacock, James L. *Grounded Globalism: How the U.S. South Embraces the World*. Athens: University of Georgia Press, 2007.

Pieterse, Jan Nederveen. *Globalization and Culture: Global Mélange*. Lanham, MD: Rowman & Littlefield, 2004.

Price, T. Douglas, and Anne Birgitte Gebauer. *Last Hunters, First Farmers: New Perspectives on the Prehistoric Transition to Agriculture*. Santa Fe, NM: School of American Research Press, 1995.

Robbins, Richard H. *Global Problems and the Culture of Capitalism*. 4th ed. Boston: Allyn and Bacon, 2007.

Sahlins, Marshall. *Tribesmen*. Englewood Cliffs, NJ: Prentice Hall, 1968.

——. *Stone Age Economies*. Chicago: Aldine-Atherton, 1972.

Schweitzer, Peter P., Megan Biesele, and Robert K. Hitchcock, eds. *Hunters and Gatherers in the Modern World: Conflict, Resistance, and Self-Determination*. NewYork: Berghahn Books, 2000.

Service, Elman. *Origins of the State and Civilization: The Process of Cultural Evolution*. New York: Norton, 1975.

Smith, Bruce D. *The Emergence of Agriculture*. New York: W. H. Freeman, 1995.

Steward, Julian. *Theory of Culture Change: The Methodology of Multilinear Evolution*. Urbana: University of Illinois Press, 1955.

Tainter, Joseph A. *The Collapse of Complex Societies*. New York: Cambridge University Press, 1990.

Wallerstein, Immanuel. *The Modern World System: Capitalist Agriculture and the Origins of European World-Economy in the Sixteenth Century*.

New York: Academic Press, 1974.

——. *Geopolitics and Geoculture: Essays on the Changing World-System*. Cambridge: Cambridge University Press, 1991.

——. *World-Systems Analysis: An Introduction*. Durham, NC: Duke University Press, 2004.

Wenke, Robert J., and Deborah I. Olszewski. *Patterns in Prehistory: Mankind's First Three Million Years*. 5th ed. Oxford: Oxford University Press, 2006.

第5章

Abu-Lughod, Lila. *Writing Women's Worlds: Bedouin Stories*. 2nd ed. Berkeley: University of California Press, 2008.

Bonvillain, Nancy. *Women and Men: Cultural Constructs of Gender*. 4th ed. Upper Saddle River, NJ: Prentice Hall, 2006.

Brettell, Caroline B., and Carolyn F. Sargent, eds. *Gender in Cross-Cultural Perspective*. 5th ed. Upper Saddle River, NJ: Prentice Hall, 2008.

Brøgger, Jan. *Nazaré: Women and Men in a Prebureaucratic Portuguese Fishing Village*. Fort Worth, TX: Harcourt Brace Jovanovich, 1992.

Carby, Hazel. "White Women Listen! Black Feminism and the Boundaries of Sisterhood." In *The Empire Strikes Back: Race and Racism in 70's Britain*, edited by Birmingham University Centre for Contemporary Cultural Studies. London: Hutchinson, 1982.

Collins, Patricia Hill. *Black Feminist Thought: Knowledge, Consciousness, and the Politics of Empowerment*. 2nd ed. New York: Routledge, 2000.

De Beauvoir, Simone. *The Second Sex*. Translated by H. M. Pashley. New York: Knopf, 1953.

Di Leonardo, Micaela. *Gender at the Crossroads of Knowledge: Feminist Anthropology in the Postmodern Era*. Berkeley: University of California Press, 1991.

Farnham, Christie, ed. *The Impact of Feminist Research in the Academy*. Bloomington: Indiana University Press, 1987.

Fisher, Melissa S. *Wall Street Women*. Durham, NC: Duke University Press, 2012.

Freidl, Ernestine. *Women and Men: An Anthropologist's View*. New York: Holt, Rinehart and Winston, 1975.

Gilley, Brian Joseph. *Becoming Two-Spirit: Gay Identity and Social Acceptance in Indian Country*. Lincoln: University of Nebraska Press, 2006.

Herdt, Gilbert, ed. *Third Sex, Third Gender: Beyond Sexual Dimorphism in Culture and History*. New York: Zone, 1996.

hooks, bell. *Yearning: Race, Gender, and Cultural Politics*. Boston: South End Press,1990.

Hull, Gloria, Patricia Bell Scott, and Barbara Smith, eds. *All the Women Are White, All the Blacks Are Men, But Some of Us Are Brave*. Old Westbury, NY: Feminist Press, 1982.

Jacobs, Sue-Ellen, Wesley Thomas, and Sabine Lang. *Two-Spirit People: Native American Gender Identity, Sexuality, and Spirituality*. Urbana: University of Illinois Press, 1997.

MacCormack, Carol P., and Marilyn Strathern, eds. *Nature, Culture, and Gender*. Cambridge: Cambridge University Press, 1980.

Mead, Margaret. *Sex and Temperament in Three Primitive Societies*. New York: Morrow, 1935.

——. *Male and Female*. New York: Morrow, 1949.

Moore, Henrietta. *Feminism and Anthropology*. Minneapolis: University of Minnesota Press, 1988.

Morgen, Sandra, ed. *Gender and Anthropology: Critical Reviews for Research and Teaching*. Washington, DC: American Anthropological Association, 1989.

Nanda, Serena. *Neither Man nor Woman: The Hijras of India*. 2nd ed. Belmont, CA: Wadsworth, 1999.

——. *Gender Diversity: Crosscultural Variations*. Prospect Heights, IL: Waveland Press, 2000.

Ortner, Sherry. *Making Gender: The Politics and Erotics of Culture*. Boston: Beacon Press, 1996.

Radner, Joan Newlon, ed. *Feminist Messages: Coding in Women's Folk Culture*. Urbana: University of Illinois Press, 1993.

Reiter, Rayna. *Toward an Anthropology of Women*. New York: Monthly Review Press, 1975.

Robertson, Jennifer. *Same-Sex Cultures and Sexualities*. Oxford: Blackwell, 2005.

Rosaldo, Michelle Zimbalist, and Louise Lamphere, eds. *Women, Culture, and Society*. Stanford, CA: Stanford University Press, 1974.

Roscoe, Will. *Changing Ones: Third and Fourth Genders in Native North America*. New York: St. Martin's Press, 1998.

Sanday, Peggy Reeves. *Female Power and Male Dominance: On the Origins of Sexual Inequality*. Cambridge: Cambridge University Press, 1981.

Sanday, Peggy Reeves, and Ruth Gallagher Goodenough, eds. *Beyond the Second Sex: New Directions in the Anthropology of Gender*. Philadelphia: University of Pennsylvania Press, 1990.

Sered, Susan Starr. *Priestess, Mother, Sacred Sister: Religions Dominated by Women*. Oxford: Oxford University Press, 1994.

Shostak, Marjorie. *Nisa: The Life and Words of a !Kung Woman*. New York: Vintage Books, 1981.

Ward, Martha C. *A World Full of Women*. 5th ed. Boston: Allyn and Bacon, 2008.

Young, Antonia. *Women Who Become Men: Albanian Sworn Virgins*. Oxford: Berg, 2000.

第6章

Boswell, John. *Same-Sex Unions in Premodern Europe*. New York:

Vintage Books, 1995.

Carsten, Janet. *After Kinship*. Cambridge: Cambridge University Press, 2004.

Fox, Robin. *Kinship and Marriage: An Anthropological Perspective*. Cambridge: Cambridge University Press, 1984.

Franklin, Sarah, and Susan McKinnon. *Relative Values: Reconfiguring Kinship Studies*. Durham, NC: Duke University Press, 2001.

Hoey, Brian. *Opting for Elsewhere*. Nashville, TN: Vanderbilt University Press, 2014.

Leach, Edmund. *Rethinking Anthropology*. London: Athlone Press, 1961.

Levine, Nancy. *The Dynamics of Polyandry: Kinship, Domesticity, and Population in the Tibetan Border*. Chicago: University of Chicago Press, 1988.

Lévi-Strauss, Claude. *The Elementary Structures of Kinship*. Boston: Beacon Press, 1969.

Murdock, George P. *Social Structure*. New York: Macmillan, 1949.

Needham, Rodney, ed. *Rethinking Kinship and Marriage*. London: Tavistock, 1971.

——. *Remarks and Inventions: Skeptical Essays about Kinship*. London: Tavistock, 1974.

Parkin, Robert, and Linda Stone, eds. *Kinship and Family: An Anthropological Reader*. Oxford: Wiley-Blackwell, 2004.

Rivers, W. H. R. *Kinship and Social Organization*. New York: Humanities

Press, 1968.

Schneider, David. *American Kinship: A Cultural Account*. Englewood Cliffs, NJ: Prentice Hall, 1968.

Stone, Linda, ed. *New Directions in Anthropological Kinship*. Lanham, MD: Rowman & Littlefield, 2001.

Thorne, Barrie, ed. *Rethinking the Family: Some Feminist Questions*. 2nd ed. Boston: Northeastern University Press, 1992.

第7章

Bowen, John R. *Religions in Practice: An Approach to the Anthropology of Religion*. 3rd ed. Boston: Pearson Education, 2005.

Bowie, Fiona. *The Anthropology of Religion*. 2nd ed. Oxford: Wiley-Blackwell, 2006.

Brown, Karen McCarthy. *Mama Lola: A Vodou Priestess in Brooklyn*. Berkeley: University of California Press, 1991.

Burton, Thomas. *Serpent-Handling Believers*. Knoxville: University of Tennessee Press, 1993.

Crapo, Richley H. *Anthropology of Religion: The Unity and Diversity of Religions*. Boston: McGraw-Hill, 2002.

Grindal, Bruce T. "Into the Heart of Sisala Experience: Witnessing Death Divination." *Journal of Anthropological Research* 39 (1983): 60-80.

Hess, David. *Spirits and Scientists: Ideology, Spiritism, and Brazilian*

Culture. University Park: Pennsylvania State University Press, 1991.

——. *Samba in the Night: Spiritism in Brazil*. New York: Columbia University Press, 1994.

Hinson, Glenn D. *Fire in My Bones: Transcendence and the Holy Spirit in African American Gospel*. Philadelphia: University of Pennsylvania Press, 2000.

Hufford, David. "Traditions of Disbelief." *New York Folklore Quarterly* 8 (1982): 47-55.

Kimbrough, David. *Taking Up Serpents*. Chapel Hill: University of North Carolina Press, 1994.

Lassiter, Luke Eric, Clyde Ellis, and Ralph Kotay. *The Jesus Road: Kiowas, Christianity, and Indian Hymns*. Lincoln: University of Nebraska Press, 2002.

Moro, Pamela, James Myers, and Arthur Lehmann. *Magic, Witchcraft, and Religion: An Anthropological Study of the Supernatural*. 7th ed. Boston: McGraw-Hill, 2006.

O'Connor, Bonnie Blair. *Healing Traditions: Alternative Medicine and the Health Professions*. Philadelphia: University of Pennsylvania Press, 1995.

Ong, Aihwa. *Spirits of Resistance and Capitalist Discipline: Factory Women in Malaysia*. Albany: State University of New York Press, 1987.

Stein, Rebecca L., and Philip L. Stein. *The Anthropology of Religion, Magic, and Witchcraft*. 2nd ed. Boston: Pearson Education, 2007.

Stoller, Paul. *Stranger in the Village of the Sick: A Memoir of Cancer, Sorcery and Healing*. Boston: Beacon Press, 2004.

Tidball, Keith G., and Christopher P. Toumey. "Serpent Handling in Appalachia and Ritual Theory in Anthropology." In *Signifying Serpents and Mardi Gras Runners: Representation and Identity in Selected Souths*, edited by Celeste Ray and Luke Eric Lassiter. Athens: University of Georgia Press, 2003.

Turner, Edith. "A Visible Spirit Form in Zambia." In *Being Changed by Cross-Cultural Encounters: The Anthropology of Extraordinary Experience*, edited by David E. Young and Jean-Guy Goulet. Peterborough, Ontario: Broadview Press,1994.

Winzeler, Robert L. *Anthropology and Religion: What We Know, Think, and Question*. Walnut Creek, CA: AltaMira Press, 2007.

索　引

（所标页码为英文版页码，即本书边码）

A

K

L

R